I MISTERI IRRISOLTI DELLA SCIENZA

FISICA, CHIMICA E SCIENZE DELL'UOMO

ACHILLE DE TOMMASO

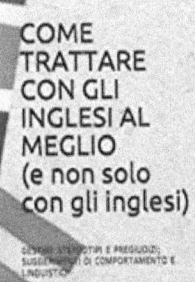

Dedico questo libro a mia moglie Liliana e alle mie figlie
Angela e Paola

INDICE

CAPITOLO II

I MISTERI DELLA

"SCIENZA DEL MOLTO GRANDE"

ASTROFISICA

CAPITOLO III

I MISTERI DELLA SCIENZA DELLA VITA

LA VITA E' NATA PER CASO?

CAPITOLO IV

I MISTERI DELLA VITA NELL'UNIVERSO

"SIAMO SOLI ?"

AlLIENI, TELETRASPORTO, VIAGGI NEL TEMPO
E NELLO SPAZIO

PREFAZIONE

"Fiat Lux"

Ma quando, e come, è
avvenuto ciò ?

Questo è il primo e più grande mistero. Forse (ma non si sa ancora bene) l'inizio del Tutto è, in realtà, una storia **di alternanza fra oscurità e luce;** è la storia del primo miliardo di anni dell'universo. In principio, quasi sicuramente c'era il buio; e dopo circa 380mila anni fu la luce, poi fu di nuovo buio per qualche centinaia di milioni di anni. Infine l'età oscura ebbe definitivamente termine; con quella che viene definita **"epoca della reionizzazione".**

Ma quando avvenne, esattamente, tutto ciò, e come, non è molto chiaro.

Mi spiego: con il termine "epoca della reionizzazione" (nello schema qui sotto, *reionisation*) si intende il periodo in cui il gas primordiale, di cui era pervaso l'universo nelle prime fasi della sua evoluzione, passa dallo stato neutro a quello ionizzato (come sapete gli ioni hanno carica elettrica).

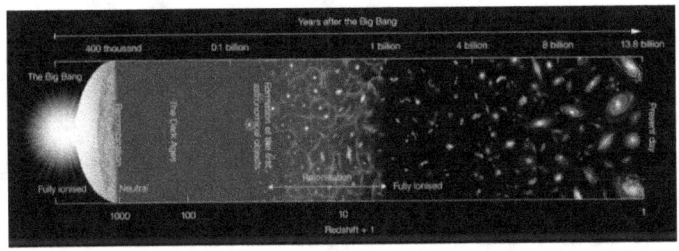

Secondo il modello del Big Bang, quindi, nelle fasi iniziali l'universo era caldo e denso, al punto che le particelle fondamentali formavano quella che viene definita una "zuppa cosmica", ovvero un tutt'uno in cui particelle subatomiche e fotoni sono del tutto indistinguibili. In quel tempo i fotoni viaggiano venendo continuamente assorbiti e riemessi da altre particelle; togliendoci ogni possibilità di accedere a queste prime fasi dell'evoluzione dell'universo. Ci vogliono circa 380mila anni perché l'universo, espandendosi e raffreddandosi, permetta a elettroni e protoni di accoppiarsi e formare atomi neutri. A questo punto anche i fotoni sono liberi di muoversi e arrivare fino a noi, fornendoci la prima fotografia dell'universo che si possa sperare di ottenere: la radiazione cosmica di fondo, o CMB.

Ricapitolando: mentre i fotoni intraprendono il loro primo viaggio "libero" per l'universo, quindi, elettroni e protoni si combinano. L'elettrone bilancia la carica positiva del protone, formando un gas neutro costituito essenzialmente da atomi di idrogeno. Ma il gas si addensa sempre di più per effetto della gravità; e l'universo piomba ancora nel

10

buio, in quella che viene definita **l'età oscura**. In questa fase, infatti, ogni fotone emesso viene assorbito dal gas neutro.

Dopodichè, lentamente, le regioni che si sono addensate maggiormente per effetto della gravità iniziano a formare stelle, galassie e quasar.

Il meccanismo attraverso il quale stelle e galassie iniziano a formarsi è, però, ancora poco conosciuto, ed è oggetto di intense ricerche.

Secondo le teorie attuali, elaborate per spiegare il meccanismo, la radiazione emessa dalle prime stelle ha un'energia sufficiente per slegare l'elettrone dall'atomo di idrogeno; secondo quel processo noto in chimica come *ionizzazione*. Il fotone viene assorbito dall'atomo, e l'elettrone viene slegato. Ha inizio quindi quella che viene chiamata **l'epoca della re-ionizzazione.**

Non tutto il gas viene ionizzato nello stesso momento. Le prime regioni ad essere ionizzate sono quelle che si trovano vicino alle sorgenti di energia necessarie per la ionizzazione; le prime stelle e le prime galassie, appunto. Col passare del tempo, una quantità sempre maggiore del gas viene ionizzata, e a questo punto la radiazione emessa dalle stelle non viene più assorbita dal gas, e può propagarsi nell'Universo ed essere rilevata oggi da osservazioni ottiche e infrarosse. Circa un miliardo di anni dopo il Big Bang la ionizzazione è completa e l'età scura dell'Universo può dirsi conclusa.

Ma ci sono comunque delle domande aperte circa l'INIZIO:

Crediamo di sapere, infatti, come era l'universo all'epoca della radiazione cosmica di fondo, e sappiamo come è l'universo oggi; ma come siamo arrivati alla formazione di stelle, galassie, e delle altre strutture che permeano l'universo che conosciamo oggi, non è ancora ben conosciuto.

L'epoca della reionizzazione è però una delle fasi più importanti per capire l'evoluzione dell'universo.

Capire bene questa fase, significa comprendere quando, e come, e per quanto tempo le prime stelle e galassie si sono formate. Ma come possiamo studiare l'universo in queste fasi se nessuna radiazione emessa può arrivare a noi?

L'idea è stata quella di tracciare i tempi e le modalità attraverso le quali l'idrogeno neutro "scompare" proprio per effetto della reionizzazione; e sembra ci sia il modo di farlo. C'è infatti un'emissione specifica associata alla presenza di **idrogeno neutro**, ovvero una **riga spettrale a 21 cm**. Per effetto dell'espansione dell'universo, la frequenza di questa riga viene spostata a frequenze sempre più basse man mano che l'espansione procede. Mappando in tempo e in spazio la presenza della riga a 21 cm nelle prime fasi dell'universo, la sfida attuale degli astrofisici è quella di riuscire a capire tempistiche e modalità della accensione delle prime stelle e formazione delle prime strutture cosmiche.

Il satellite Wmap (funzionante tra il 2001 e il 2008, era un satellite che misurava ciò che rimane delle radiazioni dovute al Big Bang, ovvero la radiazione cosmica di fondo). Esso aveva datato l'inizio dell'epoca della reionizzazione circa 450 milioni di anni dopo il Big Bang. Ma ci si aspettava che la reionizzazione fosse avvenuta in un lasso di tempo che va da diverse centinaia di migliaia di anni, per terminare circa 900 milioni di anni dopo il Big Bang.

I dati dello Hubble Space Telescope indicavano però che le prime stelle si sono formate solamente 300-400 milioni di anni dopo il Big Bang.

La domanda, quindi, era : **che cosa, allora, ha innescato la reionizzazione se questa è iniziata *prima*?**

Recentemente il satellite Planck ha quindi ritardato l'inizio di questa epoca – e quindi la fine dell'età oscura – a 550 milioni di anni dopo il Big Bang, rimettendo in campo l'ipotesi che siano state appunto le prime stelle a dare il via alla fine dell'età oscura.

Ma, segnare l'inizio e la fine di questa epoca, non è che il primo passo verso la conoscenza dei fenomeni che si sono succeduti in quell'arco di tempo. E che sono ancora, in buona parte, sconosciuti.

INTRODUZIONE

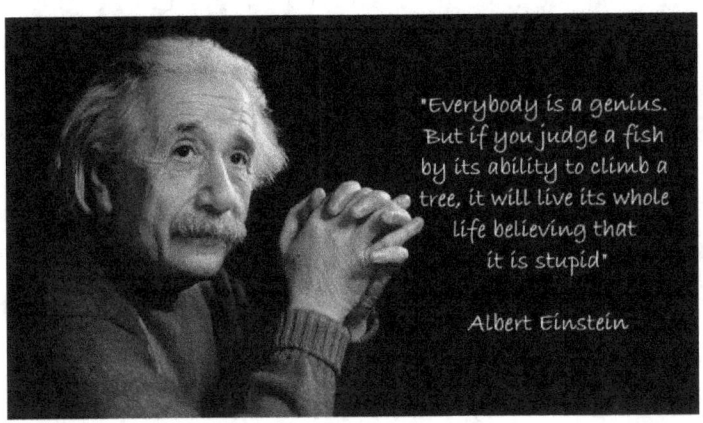

"Everybody is a genius. But if you judge a fish by its ability to climb a tree, it will live its whole life believing that it is stupid"

Albert Einstein

Nel 1900, si dice che il fisico britannico Lord Kelvin abbia affermato: "Non c'è niente di nuovo da scoprire in fisica ora. Tutto ciò che rimane è una misurazione sempre più precisa". Ma, dopo tre decenni, la meccanica quantistica e la teoria della relatività di Einstein avevano rivoluzionato completamente il campo. Oggi, nessun fisico oserebbe affermare che la nostra conoscenza dell'universo è quasi completata. Al contrario, ogni nuova scoperta sembra sbloccare un vaso di Pandora di domande ancora più grandi e profonde. Oggi, tra tutte le incertezze persistenti, una cosa è certa: l'universo è molto più misterioso e complesso di quanto avremmo mai potuto immaginare pochi anni fa..

In particolare, al momento i fisici hanno due libri di regole, molto separati, che spiegano come funziona la natura. Quello della relatività generale, che descrive magnificamente la gravità e tutte le cose che domina: i pianeti orbitanti, le galassie, le dinamiche dell'universo in espansione nel suo complesso. E poi c'è quello della meccanica quantistica , che gestisce le "cose molto piccole" e le quattro forze: l'interazione gravitazionale, l'interazione elettromagnetica, l'interazione nucleare debole e l'interazione nucleare forte. La relatività e la meccanica quantistica sono teorie fondamentalmente diverse che hanno diverse formulazioni; talvolta in antitesi l'una con l'altra. E talvolta con domande senza risposte.

Nei prossimi capitoli vedremo alcune di quelle che oggi possano apparire misteri o stranezze; dividendole tra quelle che appartengono al mondo "molto piccolo" e a quello "grande e molto grande". Spingendoci poi a guardare alcuni "misteri della vita", sul nostro pianeta e nell'Universo.

CAPITOLO I

I MISTERI DELLA "SCIENZA DEL MOLTO PICCOLO"

FISICA TEORICA E NUCLEARE; MECCANICA QUANTISTICA

I misteri quantistici:
ma la realtà esiste?

Se un albero cade in una foresta e non c'è nessuno a sentirlo, emette un suono? Forse no, dicono alcuni: se non c'è nessuno a sentirlo il suono non viene emesso.

Questa affermazione apparirebbe una sciocchezza; eppure è alla base della meccanica quantistica: la scienza del "molto piccolo", che si comporta accavallando paradossi su paradossi; misteri su misteri.

La meccanica quantistica non è il sogno di un mitomane complottista: è una delle nostre due teorie scientifiche fondamentali (insieme alla teoria della relatività di Einstein). Ed essa mette in dubbio alcune idee di buon senso sulla realtà fisica.

La meccanica quantistica funziona, si dice, bene (in realtà "abbastanza" bene) per descrivere il comportamento di piccoli oggetti, come atomi o particelle di luce (fotoni); ma non funziona bene col mondo macroscopico.

E scrivo "abbastanza", perché, in molti casi, infatti, la teoria quantistica non fornisce risposte certe a domande come "dove si trova questa particella in questo momento?" Essa fornisce solo *probabilità* di dove la particella potrebbe essersi trovata quando veniva osservata.

Per Niels Bohr, uno dei fondatori della teoria, un secolo fa, non è perché ci manchino le informazioni, ma perché:

proprietà fisiche come la

"posizione" non esistono
realmente finché non vengano
misurate.

E poi precisa: "poiché alcune proprietà di una particella non possono essere perfettamente osservate simultaneamente - come posizione e velocità - non possono essere reali contemporaneamente". Chiaro l'assurdo?

Albert Einstein, che era uomo di buon senso, trovò questa idea insostenibile. In un articolo del 1935, con i colleghi teorici Boris Podolsky e Nathan Rosen, sostenne che "ci deve essere di più nella realtà di quello che la meccanica quantistica possa descrivere". E cercò di descrivere il "di più", in un articolo, facendo ricorso all'"entanglement" (vedremo anche nel seguito questo intrigante tema).

L'articolo di Einstein considerava una coppia di particelle distanti in uno stato speciale noto appunto come stato "entangled": quando la stessa proprietà (ad esempio, posizione o velocità) viene misurata su entrambe le particelle entangled, il risultato sarà casuale, ma con una stretta correlazione tra i risultati di ciascuna particella.

In altre parole, un osservatore che misura la posizione della prima particella potrebbe prevedere perfettamente il risultato della misurazione della posizione di quella distante, senza nemmeno toccarla. Oppure l'osservatore potrebbe scegliere di prevederne la velocità. Il che, secondo Einstein, dovrebbe significare che esiste una "realtà" nelle proprietà della particella.

Tuttavia, nel 1964 il fisico nordirlandese John Bell scoprì che l'argomentazione di Einstein non funzionava se si eseguiva una combinazione più complicata di misurazioni diverse sulle due particelle.

Bell dimostrò che, se i due osservatori scelgono in modo casuale e indipendente tra misurare l'una o l'altra proprietà delle loro particelle, come la posizione o la velocità, i risultati medi non possono essere spiegati in nessuna teoria in cui sia la posizione che la velocità erano proprietà locali preesistenti.

In parole povere: è l'osservazione che crea la realtà. La realtà non esiste prima dell'osservazione.

Sembra incredibile, ma gli esperimenti hanno oggi dimostrato in modo definitivo che le correlazioni di Bell sono valide.

**Per molti fisici, questa
è la prova che Bohr**

aveva ragione: le proprietà fisiche non esistono finché non vengano misurate.

Ma questo solleva la domanda cruciale: cosa c'è di così speciale in una "misurazione"?

L'osservatore, osservato

L'"amico di Wigner" è un celebre esperimento mentale, per la prima volta concepito dal fisico americano Eugene Wigner nel 1961. Esso ha a che fare coi problemi della misurazione e del concetto di mente-corpo all'interno della meccanica quantistica ed è considerato da molti come estensione del già famoso paradosso del gatto di Schrodinger (v. appresso).

Col suo esperimento mentale Wigner volle porre l'attenzione sulle implicazioni paradossali che avrebbe portato l'esperimento sul gatto di Schroedinger (il gatto risulterebbe, apparentemente, sia vivo che morto allo stesso tempo, almeno fino a quando non arrivi un osservatore a aprire la scatola che lo contiene).

Secondo le interpretazioni popolari, Wigner avrebbe esteso l'esperimento mentale di Schrodinger, aggiungendo un secondo osservatore all'interno del laboratorio, noto come l' *amico di Wigner.*

Wigner, che monitora lo scenario dall'esterno del laboratorio, in accordo con la linearità delle equazioni della meccanica quantistica, assegnerà uno stato sovrapposto a tutto il laboratorio (ossia il sistema congiunto del sistema fisico assieme al suo amico).

A questo punto, Wigner chiede all'amico il risultato della sua misurazione e, in base alla sua risposta, assegnerà al laboratorio lo stato a o b.

Perciò è solo dopo essere venuto a conoscenza del risultato della misurazione fatta dall'amico sul sistema fisico che lo stato sovrapposto del laboratorio collassa, facendo così scattare il paradosso: **dal punto di vista dell'amico, il risultato della misurazione viene determinato già prima che Wigner chieda quale sia, e il collasso del sistema fisico è già avvenuto. Allora quando avviene il collasso?** (spiego dopo il termine "collasso").

Wigner ritiene assurda questa conclusione e risolve il paradosso affermando che è il coinvolgimento della coscienza dell'osservatore a determinare il collasso della funzione d'onda, e che quindi rende definitiva l'osservazione dello sperimentatore chiuso nel laboratorio.

Infatti, lo scopo di questo esperimento mentale è illustrare come la coscienza sia necessaria nel processo di misurazione in meccanica quantistica; e sia essa, anzi, <u>la causa del collasso della funzione d'onda.</u>

Al contrario, ogni misurazione fatta con **strumenti inanimati** lascerebbe sia lui che l'amico in una sovrapposizione di stati. Attualmente tale interpretazione della meccanica quantistica è conosciuta come **"la coscienza causa del collasso"**.

In definitiva, Wigner ha reso la meccanica quantistica ancora più soggettiva di quanto avevano fatto, prima di lui, John von Neumann e lo stesso Erwin Schrodinger; postulando che **le misurazioni quantistiche richiedono la presenza di un soggetto cosciente, senza il quale niente accadrebbe mai nell'universo.**

Problemi ancora, concettualmente, irrisolti

Sebbene un test conclusivo possa essere lontano decenni, se le previsioni della meccanica quantistica continuano a essere valide, ciò ha forti implicazioni per la nostra comprensione della realtà, anche più delle correlazioni di Bell. Per prima cosa, le correlazioni che abbiamo scoperto **non possono essere spiegate semplicemente dicendo che le proprietà fisiche non esistono finché non vengono misurate. Infatti questo concetto metterebbe in discussione la realtà assoluta dei risultati stessi delle misurazioni.**

Alcuni fisici cercano quindi una teoria che implichi o contesti la libertà di scelta; ma queste teorie richiedono una causalità o una forma apparentemente cospirativa di fatalismo chiamata "superdeterminismo".

Un altro modo per risolvere il conflitto potrebbe essere quello di rendere la teoria di Einstein ancora più relativa. **Per Einstein, diversi osservatori potrebbero non essere d'accordo su quando o dove accade qualcosa.**

In alcune interpretazioni, infatti, come la meccanica quantistica relazionale , il QBismo o l' interpretazione a molti mondi, gli eventi stessi possono verificarsi solo in relazione a uno o più osservatori. Un albero caduto osservato da uno potrebbe non essere uguale per tutti gli altri.

Tutto ciò non implica, però, che tu possa scegliere la tua realtà.

In primo luogo, puoi scegliere quali domande porre, ma le risposte sono date dal mondo. E anche in un mondo relazionale, quando due osservatori comunicano, le loro realtà si intrecciano. In questo modo può emergere una realtà condivisa.

Ciò significa che se entrambi assistiamo alla caduta dello stesso albero e tu dici che non riesci a sentirlo, potresti aver bisogno solo di un apparecchio acustico.

Di cosa è fatta la materia?

Sappiamo che la materia è composta da atomi e gli atomi da protoni, neutroni ed elettroni. E sappiamo che protoni e neutroni sono costituiti da particelle più piccole, note come quark.

Sondare più in profondità scoprirebbe particelle ancora più fondamentali? Non lo sappiamo per certo.

Abbiamo qualcosa chiamato il modello standard della fisica delle particelle, che è molto efficiente nello spiegare le interazioni tra le particelle subatomiche. Il modello standard è stato utilizzato anche per prevedere l'esistenza di particelle precedentemente sconosciute. L'ultima particella trovata in questo modo è stato il bosone di Higgs , scoperto dai ricercatori del LHC nel 2012.

Ma c'è un intoppo.

"Il modello standard non spiega tutto", dice il dottor Don Lincoln, un fisico delle particelle al Fermi National Accelerator Laboratory (Fermilab) vicino a Chicago. "Non spiega, ad esempio, perché esista il bosone di Higgs. E non spiega in dettaglio perché il bosone di Higgs abbia la massa che ha." In effetti, l'Higgs si è rivelato molto meno "pesante" del previsto - la teoria aveva ritenuto che sarebbe stato circa "un quadrilione di volte più pesante di quanto non sia", dice Lincoln.

Ma i misteri non finiscono qui. Gli atomi sono noti per essere elettricamente neutri - la carica positiva dei protoni viene annullata dalla carica negativa degli elettroni - ma quanto al motivo per cui sia così, Lincoln dice: "Nessuno lo sa".

Le forze dell'universo si fondono in una?

L'universo sperimenta quattro forze fondamentali: **l'elettromagnetismo, la forza nucleare forte ,** l'interazione debole (nota anche come forza nucleare debole) e la gravità . Ad oggi, i fisici sanno che se immetti abbastanza energia - per esempio, all'interno di un acceleratore di particelle - tre di queste forze "si uniscono" e diventano un'unica forza.

I fisici, quindi, mediante acceleratori di particelle, hanno unificato la forza elettromagnetica e le interazioni deboli. Ad energie più elevate la stessa cosa dovrebbe accadere con la forza nucleare forte e, infine, con la gravità. Ma anche se le teorie dicono che dovrebbe accadere, la natura non sempre obbliga.

Finora, nessun acceleratore di particelle ha raggiunto energie abbastanza elevate da riuscire ad unificare la forza nucleare forte con l' elettromagnetismo e con l'interazione debole. Includere la gravità significherebbe ancora più energia.

E non è chiaro se gli scienziati potranno mai realizzare un acceleratore così potente.

Il Large Hadron Collider (LHC), vicino a Ginevra, può inviare particelle che si schiantano l'una contro l'altra con energie dell'ordine di trilioni di elettronvolt (circa 14 teraelettronvolt, o TeV). Ma per raggiungere le energie necessarie alla Grande Unificazione, le particelle avrebbero bisogno di almeno un trilione di volte tanto, quindi, per ora, i fisici non possono che andare alla caccia di prove indirette di tali teorie.

Oltre alla questione delle energie, le Grand Unified Theories (GUT) hanno ancora alcuni problemi, perché prevedono altre osservazioni che finora non hanno avuto successo. Ci sono diverse GUT che dicono che i protoni, in immensi intervalli di tempo (dell'ordine di 10^{36} anni), dovrebbero trasformarsi in altre particelle. Questo non è mai stato osservato, quindi non si sa se i protoni durino molto più a lungo di quanto si pensi o sono davvero stabili per sempre.

Un'altra previsione di alcuni tipi di GUT è l'esistenza di monopòli magnetici – come poli isolati "nord" e "sud" di un magnete - e nessuno ne ha mai visto uno. È possibile che non abbiamo un acceleratore di particelle abbastanza potente. Oppure, i fisici potrebbero sbagliarsi su come funziona l'universo. Non si sa.

Possiamo mettere in accordo le due teorie fondamentali della fisica?

Come abbiamo visto, abbiamo due teorie generali per spiegare quasi tutti i fenomeni fisici: la teoria della gravità (relatività generale) di Einstein e la meccanica quantistica. La prima, come sappiamo, è brava a spiegare il movimento di tutto, dalle palline da tennis alle galassie. La meccanica quantistica è altrettanto (abbastanza) efficiente nel suo dominio: il regno degli atomi e delle particelle subatomiche.

Il problema è che le due teorie descrivono il nostro mondo in termini molto diversi. Nella meccanica quantistica, gli eventi si svolgono su uno sfondo fisso di spaziotempo, mentre nella relatività generale, lo spaziotempo stesso è flessibile. Come sarebbe una teoria quantistica dello spazio-tempo curvo? Non lo sappiamo, dice il fisico Carroll. "Non sappiamo nemmeno cosa stiamo cercando di quantizzare."

Riassumo e chiarisco: al momento i fisici hanno

quindi due libri di regole, molto separati, che spiegano come funziona la natura. Quello della relatività generale, che descrive magnificamente la gravità e tutte le cose che domina: i pianeti orbitanti, le galassie in collisione, le dinamiche dell'universo in espansione nel suo complesso. E poi c'è quello della meccanica quantistica, che gestisce le "cose molto piccole" e le quattro forze: l'interazione gravitazionale, l'interazione elettromagnetica, l'interazione nucleare debole e l'interazione nucleare forte. La relatività e la meccanica quantistica sono teorie fondamentalmente diverse che hanno diverse formulazioni. Ma non è solo una questione di terminologia scientifica; è uno scontro di descrizioni incompatibili tra loro e con la realtà che osserviamo; nel modo seguente. Nella relatività generale, gli eventi sono continui e deterministici, nel senso che ogni causa corrisponde a uno specifico effetto locale. Nella meccanica quantistica, gli eventi prodotti dall'interazione delle particelle subatomiche avvengono in salti (salti quantici), con risultati probabilistici piuttosto che definiti. Si noti: le regole quantistiche consentono connessioni istantanee, proibite dalla fisica classica; in un certo senso "più veloci della luce". Ciò è stato dimostrato in un recente esperimento in cui i ricercatori olandesi hanno dimostrato che due particelle - in questo caso elettroni - potevano influenzarsi reciprocamente all'istante, anche se erano molto distanti (**entanglement quantistico**).

Recentemente il dibattito è entrato in una nuova, intrigante e imprevedibile, fase. Due fisici importanti hanno messo in campo posizioni estreme nei due temi, conducendo esperimenti che potrebbero finalmente stabilire quale approccio sia quello valido.

Craig Hogan, astrofisico teorico all'Università di Chicago e direttore del Center for Particle Astrophysics presso il Fermilab, sta reinterpretando il lato quantistico della questione con una nuova teoria in cui le unità quantistiche dello spazio stesso potrebbero essere abbastanza grandi per essere studiate direttamente. Nel frattempo, Lee Smolin, membro fondatore del Perimeter Institute for Theoretical Physics di Waterloo, in Canada, sta cercando di spingere in avanti la fisica tornando alle radici filosofiche di Einstein e estendendole in una nuova direzione.

Hogan, campione della visione quantistica, afferma: "Poichè lo scontro tra relatività e meccanica quantistica si verifica quando si tenta di analizzare ciò che la gravità fa su distanze estremamente brevi, allora dobbiamo sfidare la "continuità dello spazio".

Spiego meglio: un'assunzione di base nella fisica di Einstein è che lo spazio sia continuo e infinitamente divisibile, in modo che ogni distanza possa essere ridotta, sempre, a distanze ancora più piccole; all'infinito. Hogan propone dubbi su ciò. Proprio come un pixel è la più piccola unità di un'immagine sullo schermo e un fotone è la più piccola unità di luce, egli sostiene, quindi potrebbe esserci un'unità indivisibile di distanza più piccola: un quanto di spazio.

Dalla fine degli anni '60, un gruppo di fisici e matematici ha sviluppato una struttura chiamata **teoria delle stringhe** (v. anche in seguito) per cercare di riconciliare la relatività generale con la meccanica quantistica; e nel corso degli anni, questa teoria si è evoluta fino ad essere considerata quella di default; ma non è che la meno peggio, perché non è riuscita a mantenere gran parte delle sue promesse iniziali. Ma, se avesse ragione Hogan riguardo alla "spezzettatura in quanti" dello spazio, ciò eliminerebbe molte delle attuali formulazioni della teoria delle stringhe e ispirerebbe un nuovo approccio alla riformulazione della relatività generale in termini quantici.

Suggerirebbe nuovi modi per comprendere la natura intrinseca dello spazio e del tempo. E la cosa più strana di tutte: rafforzerebbe l'idea che **la** nostra realtà apparentemente tridimensionale sia composta da unità più elementari e bidimensionali. Hogan prende sul serio la metafora del "pixel": "proprio come un'immagine televisiva può creare l'impressione di profondità da un mucchio di pixel piatti - egli suggerisce - così lo stesso spazio potrebbe emergere da una collezione di elementi che agiscono come se esistessero solo due dimensioni.

Come molte idee estreme della fisica teorica odierna, le speculazioni di Hogan possono sembrare sospettosamente simili al filosofare a tarda notte nel dormitorio delle matricole universitarie. Ciò che le rende drasticamente diverse, però, è che Hogan ha intenzione di metterle sotto una dura prova sperimentale.

A partire dal 2007, Hogan ha iniziato a pensare a come costruire un dispositivo in grado di misurare la "granulosità" dello spazio. Da alcuni anni Hogan ha messo insieme una proposta sperimentale e collabora oggi con il Fermilab, dell'Università di Chicago per costruire una macchina per la rilevazione di "pezzi di spazio", che lui definisce elegantemente un "holometer". (Il nome è un gioco di parole esoterico, che fa riferimento a uno strumento di rilevamento del XVII secolo e alla teoria secondo cui lo spazio 2D potrebbe apparire tridimensionale, analogo a un ologramma.) L'olometro è tecnologicamente poco più di un raggio laser, uno specchio semiriflettente per dividere il laser in due fasci perpendicolari e altri due specchi per far rimbalzare quei raggi lungo un tunnel lungo 40 metri. I supporti agli specchi sono calibrati per registrare le posizioni precise degli specchi. La quantità della discrepanza dei fasci rivelerebbe la scala dei pezzi di spazio da ricercare.

Per la scala dei pezzi di spazio che Hogan spera di trovare, ha bisogno di misurare le distanze con una precisione di 10 elevato alla -18 metri, circa 100 milioni di volte più piccola di un atomo di idrogeno, e raccogliere i dati ad una velocità di circa 100 milioni di letture al secondo.

Sorprendentemente, un tale esperimento non è solo possibile, ma realizzabile in maniera abbastanza economica. "Siamo stati in grado di farlo abbastanza a buon mercato a causa dei progressi della fotonica, di molte parti pronte all'uso, dell'elettronica veloce e di cose del genere", afferma Hogan. "È un esperimento piuttosto speculativo; quindi non lo avresti fatto a meno che non fosse stato economico." L'olometro al momento sta ronzando, raccogliendo i dati; ci si aspetta di avere letture preliminari entro la fine dell'anno.

In direzione totalmente diversa, viaggia Smolin. Smolin ritiene che l'approccio alla fisica su piccola scala (quello di Hogan) sia intrinsecamente incompleto. Le versioni correnti della teoria dei campi quantici fanno un buon lavoro spiegando come si comportano le singole particelle o i piccoli sistemi di particelle, ma non tengono conto di ciò che è necessario per avere una teoria del cosmo nel suo complesso. Essi non spiegano perché la realtà è come la vediamo.

Un percorso più fruttuoso, egli suggerisce, è considerare l'universo come un unico enorme sistema e costruire un nuovo tipo di teoria che possa applicarsi all'intera cosa. In realtà abbiamo già una teoria che fornisce una buona struttura per tale approccio: la relatività generale. A differenza della teoria quantistica, la relatività generale non prevede ci sia posto per un osservatore esterno o un orologio esterno, perché non esiste un "fuori". Invece, tutta la realtà è descritta in termini di relazioni tra oggetti e tra diverse regioni dello spazio. Anche qualcosa di fondamentale come l'inerzia, come vedremo poi, può essere pensata come connessa al campo gravitazionale di ogni altra particella nell'universo.

Quest'ultima affermazione è talmente strana che vale la pena soffermarsi un attimo e considerarla più da vicino. Vediamo cosa accadrebbe se l'universo fosse completamente vuoto tranne che per due astronauti. Uno di loro sta girando, l'altro è fermo. Ma quale dei due sta girando? Dalla prospettiva di ognuno dei due astronauti, l'altro è quello che gira. Senza alcun riferimento esterno, sostenne Einstein, non c'è modo di dire quale visione sia corretta, e nessuna ragione per cui si debba percepire un effetto diverso da quello che l'altro sperimenta.

La distinzione tra i due astronauti ha senso solo quando reintroduci il resto dell'universo. Nell'interpretazione classica della relatività generale, quindi, l'inerzia esiste solo perché è possibile misurarla contro l'intero campo gravitazionale cosmico. Ciò che è vero in quel pensiero è valido per ogni oggetto nel mondo reale: il comportamento di ciascuna parte è inestricabilmente correlato a quello di ogni altra parte.

"La relatività generale non è una descrizione di sottosistemi. È una descrizione dell'intero universo come un sistema chiuso ", dice Smolin. Se i fisici stanno cercando di risolvere lo scontro tra relatività e meccanica quantistica, quindi, sembra una strategia intelligente per loro seguire la guida di Einstein e andare a cercare la soluzione nel "più grande possibile". (e non nel "più piccolo") .Infatti l'idea di Smolin è che il pensiero riduzionistico su piccola scala (quello di Hogan) sia il modo sbagliato per risolvere i grandi enigmi.

Ciò che vogliamo sapere - ciò che tutti noi vogliamo sapere - è il motivo per cui l'universo è così com'è. Perché il tempo va avanti e non indietro. E come noi siamo finiti qui, con queste leggi e questo universo; non molto altro. La meccanica quantistica non risponde a queste domande. L'attuale mancanza di qualsiasi risposta significativa a queste domande rivela "qualcosa di profondamente sbagliato nella nostra comprensione della teoria dei campi quantici", dice Smolin. "La lezione della relatività generale, ancora e ancora, è il trionfo del relazionalismo", dice Smolin. "Il modo più probabile per ottenere le risposte più grandi è impegnarsi con l'universo nel suo insieme".

E quindi siamo in grado di capire se sia possibile conciliare le due teorie? O almeno quale delle due sia la più vera? O la più plausibile?

Se si voleva scegliere un arbitro nel dibattito, non si poteva individuare persona migliore di Sean Carroll, esperto di cosmologia, teoria dei campi e fisica gravitazionale al Caltech di Pasadena. Egli conosce bene la relatività, e conosce bene la meccanica quantistica (e ha anche un sano senso dell'assurdo). **Carroll assegna la maggior parte dei punti della contesa al lato quantico.** "Molti di noi in questo gioco credono che la meccanica quantistica sia molto più fondamentale della relatività generale", dice. Questa è stata la visione prevalente fin dagli anni '20, quando Einstein cercò, e più volte fallì, nel trovare difetti nelle previsioni controintuitive della teoria dei quanti. Il recente esperimento olandese di "entanglement", che dimostra una connessione quantica istantanea tra due particelle ampiamente separate, è il tipo di evento che Einstein derise come non realizzabile, definendolo come "azione spettrale a distanza"; mentre le prove oggi dimostrano che tanto spettrale non è.

Prendendo una visione più ampia, il vero problema non è la teoria della relatività generale contro quella quantistica, spiega Carroll, ma la dinamica classica contro la dinamica quantistica. La relatività, nonostante la sua stranezza percepita, è classica nel modo in cui considera causa ed effetto; la meccanica quantistica sicuramente non lo è. Einstein era ottimista sul fatto che alcune scoperte più profonde avrebbero scoperto una realtà classica e deterministica che si nascondeva dietro la meccanica quantistica, ma nessun ordine simile è stato ancora trovato. La dimostrata realtà di un'azione "spettrale" a distanza sostiene che tale ordine non esista.

Indipendentemente da come le teorie si svilupperanno, la grande scala è comunque, inevitabilmente, importante; perché essa è il mondo in cui abitiamo e osserviamo. In sostanza, l'universo nel suo insieme deve essere la risposta finale; e la sfida per i fisici è magari trovare i modi per farlo emergere dalle loro equazioni quantiche. Anche se Hogan ha ragione, i suoi frammenti spaziali devono passare alla realtà che viviamo ogni giorno. Anche se Smolin ha torto, c'è un intero cosmo là fuori con proprietà uniche che devono essere spiegate; qualcosa che, almeno per ora, la fisica quantistica fa abbastanza bene; ma non completamente. E forse da sola non potrà mai dare la risposta finale.

Spingendo i limiti della comprensione: Hogan e Smolin stanno aiutando il campo della fisica a fare questa connessione. Lo stanno spingendo verso la riconciliazione non solo tra la meccanica quantistica e la relatività generale, ma tra idea e percezione. La prossima grande teoria della fisica porterà indubbiamente a una nuova e bella matematica e a nuove tecnologie inimmaginabili oggi.

Ma la cosa migliore che può fare è creare un significato più profondo che ricolleghi tutto ciò a noi, gli osservatori; che, in fondo, siamo la scala fondamentale dell'universo. O così almeno crediamo

possiamo modificare il passato e il presente? L'Entropia ci viene in aiuto. Forse.

Sono possibili i viaggi nel tempo? E' possibile andare nel futuro o tornare nel passato? E' possibile modificare il passato, e, quindi, anche il presente?

Per molti, questi pensieri sono un'utopia: ci piacerebbe viaggiare nel tempo, ma sappiamo, ragionevolmente, che non è possibile. Ragionevolmente....

Ebbene, secondo la fisica teorica, non tutte le speranze sono perdute. Ossia, non è, in prima approssimazione, inverosimile che si possa andare nel passato.

Vediamo perché.

E' ovvio pensare, come abbiamo visto, che il tempo debba andare in una sola direzione: dal passato al futuro. Il caffè mescolato al latte forma un liquido color nocciola, ma non vediamo mail il caffè separarsi dal cappuccino e lasciare da parte il latte, no? Le uova che cadono al suolo si spiaccicano; ma non avviene mai che da uova spiaccicate torni a formarsi un uovo.

Queste sequenze comuni di eventi, come molte altre, si verificano sempre in un senso, mai al contrario; e ci danno il senso del prima e del dopo. Anzi, ci danno Il concetto apparentemente universale del prima e del dopo.

E definiscono il senso della cosiddetta freccia temporale, che, va in una sola direzione; in avanti, e mai indietro. Obbligatoriamente!

Ma se fosse così, dicono i fisici, dovremmo allora aspettarci che sia stata trovata una legge fisica sensata, che giustifichi il moto dell'uovo intero solamente verso quello spiaccicato e ne proibisca il senso inverso.

Una legge simile sarebbe infatti in grado di spiegare la freccia temporale che va solo in avanti. E invece il fatto sorprendente è che finora nessuno l'ha mai trovata.

Al contrario, a partire da Newton, sino ad arrivare a Maxwell, a Einstein e ai giorni nostri, tutte le leggi formulate denotano una SIMMETRIA totale tra passato e futuro. Nessuna di queste leggi funziona se la si vuole forzare ad essere applicata in una sola direzione. Anche se l'esperienza ci conferma di continuo che esiste una freccia temporale che va solo in avanti che governa gli eventi, nelle leggi fondamentali della fisica questa cosa sembra non esistere.

La questione è ancora più sconcertante di quanto appaia. Contrariamente alle esperienze che facciamo nella vita quotidiana, le leggi note della fisica, infatti, sostengono, in realtà, che il cappuccino si può separare in caffè nero e latte. Tutte le leggi fisiche note, infatti, rispettano la cosiddetta SIMMETRIA per inversione temporale; in base alla quale, se una sequenza di eventi può svolgersi in un ordine temporale (latte che si mischia al caffè), può verificarsi anche in quello contrario (latte che si separa dal caffè).

Quindi le leggi fondamentali, non solo non ci spiegano perché vediamo gli eventi verificarsi unicamente in un senso, ma ci rivelano che, in teoria, questi potrebbero anche svolgersi in senso contrario.

Gli scienziati si sono scervellati per anni su questo tema, e hanno persino cercato aiuto nell'ENTROPIA.

Parliamo un po' dell'entropia:

Incisa su una lapide di Zentralfriedhof di Vienna, posta accanto alla lapide di Beethoven, Brahms, Schubert e Strauss c'è la scritta $S = KlogW$, espressione matematica dell'Entropia. La lapide orna la tomba di Ludwig Boltzmann, uno dei fisici più insigni vissuti a cavallo tra Ottocento e Novecento. Scienziato sfortunato: pochi mesi dopo la sua morte cominciarono ad arrivare le conferme sperimentali delle idee che aveva elaborato e difeso per tutta la vita.

Mi piace descrivervi l'Entropia perché è un concetto che porta a deduzioni inaspettate e sorprendenti riguardo la freccia del tempo. E' interessante anche sapere che i concetti di Entropia furono inizialmente sviluppati durante la rivoluzione industriale, da scienziati che studiavano le fornaci e i motori a vapore e contribuirono così alla nascita della TERMODINAMICA. Ed è interessante pensare che, in fondo, la Termodinamica si può considerare come la culla delle scienze atomiche e, in generale, quantistiche. E ciò perché, soprattutto per merito di Boltzmann, ricorre al ragionamento statistico per stabilire un legame tra le proprietà macroscopiche di un sistema fisico e quelle degli elementi microscopici che lo compongono. In ultima analisi atomi e particelle.

Orbene, per aiutarci a spiegare il PERCHE' LA FRECCIA TEMPORALE VIAGGIA IN UN SOLO SENSO ALCUNI FISICI HANNO PROVATO A CHIEDERE AIUTO ALL' "ENTROPIA". Ma si sono trovati con un pugno di mosche: infatti non solo l'Entropia spiega la freccia temporale in avanti; ma spiega anche quella indietro! Roba da pazzi!

Cercherò di spiegare in parole povere: l'ENTROPIA è la quantità di "disordine presente nell'universo", ed è ovvio che ci siano molti modi per essere disordinati, ma molto pochi per essere ordinati.

Se ad esempio buttiamo in aria, dopo averle strappate, le pagine di un libro, quando saranno per terra ci saranno molte più probabilità che si adagino in modo disordinato, invece che nell'ordine (unico) in cui era stato scritto.

La spiegazione del verso della freccia del tempo, che danno i fisici chiedendo soccorso all'ENTROPIA, quindi, è che gli eventi vanno sempre nella direzione di entropia più alta perchè sarà più facile per un uovo spappolarsi per terra che, una volta caduto da terra, riformarsi come uovo nella forma originale. Ciò in quanto ci sono moltissimi modi per spappolarsi per terra e solo uno per tornare alla forma originale.

Il concetto di entropia, però, è un concetto statistico, e ci aiuta solo parzialmente, in quanto la freccia dell'entropia non è del tutto rigida; infatti la definizione del tempo è abbastanza flessibile da ammettere che i processi possano verificarsi anche al contrario, ciò in quanto la legge non proibisce assolutamente la rara eventualità che le pagine del libro ricadano in posizione ordinata. Addirittura, grazie alla statistica matematica, la seconda legge della termodinamica esprime con precisione il grado di improbabilità che le pagine cadano in disordine. E ammette, quindi, che possa verificarsi il caso che cadano in perfetto ordine: la probabilità che possano farlo, cioè, è diversa da zero.

Torniamo a noi: quindi le leggi dell'entropia possono spiegare la "freccia del tempo"?

Assolutamente no, anzi complicano di molto il ragionamento e arrivano a conclusioni quasi opposte.

Lo complicano perché il ragionamento utilizzato per dimostrare che nel futuro si passerà da una condizione di bassa entropia a uno di entropia più alta VALE ANCHE PER IL PASSATO! Cioè, non solo vi sono probabilità molto elevate che l'entropia di un sistema fisico sia maggiore in quello che chiamiamo futuro, ma che lo stesso avvenga in quello che chiamiamo passato. Le leggi non ci danno alcun orientamento temporale e quindi LA FRECCIA TEMPORALE DATA DALL'ENTROPIA E' BIDIREZIONALE; IN QUALSIASI MOMENTO E' ORIENTATA VERSO IL FUTURO E VERSO IL PASSATO. Ed è per tale ragione che appare strano proporre l'entropia come giustificazione della freccia unidirezionale del tempo.

Caro Boltzmann, con tutto il rispetto, non ci siamo; la tua Entropia mi giustifica la metà del mio ragionamento (freccia in avanti), ma mi informa anche che la freccia del tempo può andare a ritroso: quindi io posso, secondo questo ragionamento, andare nel passato ?

Ma, potremmo arguire: è giusto fidarci della matematica anche se questa va contro la ragionevolezza di quello che sappiamo? Di quello che vediamo?

Ebbene, secoli di indagini scientifiche hanno dimostrato che la matematica rappresenta un linguaggio oggettivo per rappresentare l'Universo, al di là delle nostre percezioni. Molti sono i casi di previsioni matematiche, apparentemente in conflitto con le nostre intuizioni ed esperienze (buchi neri, antimateria, entanglement, e molto altro). I fisici hanno ormai capito che la matematica, se usata con attenzione, è uno strumento sicuro per giungere alla verità.

Proseguiamo quindi nel nostro cammino affidandoci alla matematica e chiudendo gli occhi sulle percezioni.

Gli insegnamenti fondamentali della Termodinamica ci dicono che i sistemi fisici hanno una tendenza marcata a trovarsi in situazioni di alta entropia. Una volta acquisite queste configurazioni, essi presentano una tendenza marcata a mantenerle.

Quindi, deduciamo, l'Entropia elevata è la condizione naturale dell'Essere. Non ce ne dovremmo mai sorprendere, né dovremmo sentirci in dovere di spiegare perché accada: tali stati sono nella norma delle leggi fisiche!

Quello che viceversa va spiegato è perché un determinato sistema fisico si trovi in uno stato di ordine, di bassa entropia, che non è assolutamente nella norma: anche se può verificarsi, in realtà questa possibilità è remotissima!

Ed è qui che casca l'asino; e il mistero permane. Perché l'unica cosa che la matematica dell'Entropia ci può dire è che all'inizio dell'Universo c'era un ordine assoluto, con un'entropia bassissima. Che giustificherebbe il verso della Freccia Temporale verso il futuro con lo stato di entropia sempre maggiore di questo futuro. La freccia temporale, quindi, è stata scoccata nello stato molto ordinato di bassa entropia dell'Universo Primordiale. Il che non ci dice cosa ci fosse prima dell'inizio; ammesso che ci interessi.

E non risolve comunque il problema di farci capire se la freccia temporale può funzionare al contrario.

Ma questo finché si ragiona in termini di fisica classica; con la fisica quantistica i discorsi cambiano.
Ma, fra tutte le scoperte avvenute in campo fisico negli ultimi cent'anni, la meccanica quantistica è la

più sorprendente proprio perché mina l'intero schema concettuale della fisica classica e, con esso, il grado di affidamento che diamo alle nostre esperienze e alle nostre percezioni. Gli esperimenti della fisica quantistica ci dimostrano che il nostro mondo è governato da queste leggi quantistiche scoperte nel Novecento, non da quelle classiche di Newton, Maxwell, Einstein; delle quali però continuiamo a servirci come approssimazioni utili per descrivere eventi della vita "normale". Quando parliamo di spazio-tempo, in realtà, ci siamo accorti che le leggi classiche non funzionano bene e quindi non si applicano.

Ebbene, mentre nella visione classica tutti gli istanti sono uguali, e quindi tutti gli eventi del passato possono essere descritti con lo stesso linguaggio, nella fisica quantistica, no. La fisica quantistica spiega in modo abbastanza soddisfacente gli eventi spazio-tempo; al prezzo però di cambiare drasticamente la visione del passato (e del futuro).

Addentriamoci nelle spiegazioni quantistiche dello spazio-tempo.

Richard Feynman, uno dei fisici più creativi del Novecento e premio Nobel, ha elaborato una teoria innovativa, rivoluzionaria, ma legittima. **La teoria delle somme dei cammini.**

Questa teoria ci dice che, mentre per la fisica classica il presente ha un passato univoco, nella meccanica quantistica il presente osservato non è che un amalgama, una sorta di media di tutti i passati compatibili con ciò che osserviamo.

Ma non è tutto, nel 1980 l'illustre fisico John Wheeler dimostrò una cosa che può apparire strana: ossia che il passato dipende dal futuro.

In ambito psicologico riscrivere o reinterpretare il passato è un fatto comune: il nostro raccontare il passato è quasi sempre influenzata dalle esperienze del presente. Ma ci aspetteremmo che la fisica sia un campo obbiettivo e oggettivo. Il che non è: abbiamo visto quanto la funzione dell'osservatore comunque influenzi il presente; la qual cosa non esclude, pertanto, che possa influenzare il passato nella scelta dei cammini possibili.. Wheeler dimostrò questo con l'esperimento della "scelta ritardata", effettuato su fotoni, che provò come essi si comportassero come se prevedessero la condizione sperimentale che avrebbero incontrato a valle dell'esperimento, e agissero di conseguenza.

E' come se una storia definita e coerente si manifesti solo dopo che il futuro cui porta è stato stabilito.

Il che lascia spazio a innumerevoli congetture filosofiche riguardanti una possibile esistenza di predestinazione e di possibili variabili del nostro futuro.

Come abbiamo visto, nella meccanica quantistica la realtà è ibrida, confusa, incerta, composta di più alternative, di cui solo una si realizza. E ricordiamo che gli esperimenti della fisica quantistica ci dimostrano che il nostro mondo è governato da queste leggi quantistiche scoperte nel Novecento, non da quelle classiche.

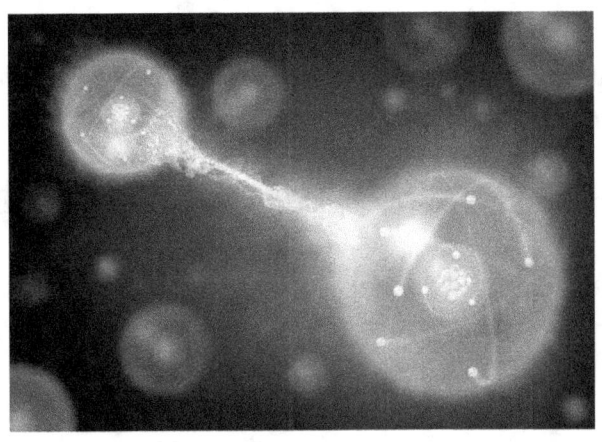

Entanglement quantistico: un' "azione spettrale"

Notoriamente soprannominato ·'"azione spettrale a distanza " da un dubbio di Albert Einstein, l'entanglement quantistico è il fenomeno mediante il quale due particelle in parti completamente diverse dell'universo possono essere collegate tra loro, rispecchiando il comportamento e lo stato del loro partner.

L'entanglement quantistico è un po' fastidioso per

la fisica classica, perché infrange alcune leggi fondamentali che in precedenza ritenevamo indistruttibili. Affinché le particelle siano collegate su distanze così vaste, dovrebbero inviare segnali l'una all'altra; segnali che viaggiano più veloci della velocità della luce: un'impresa considerata impossibile. Inoltre, gli oggetti dovrebbero essere influenzati solo dall'ambiente circostante; l'idea che una particella sia influenzata da qualcosa che accade dall'altra parte dell'universo è semplicemente ... strana.

Tuttavia, gli studi suggeriscono che l'entanglement quantistico esiste davvero. E anche se non lo capiamo, potremmo comunque utilizzarlo: per merito delle sue caratteristiche inquietanti, l'entanglement potrebbe diventare il fondamento dell'informatica e delle comunicazioni di prossima generazione.

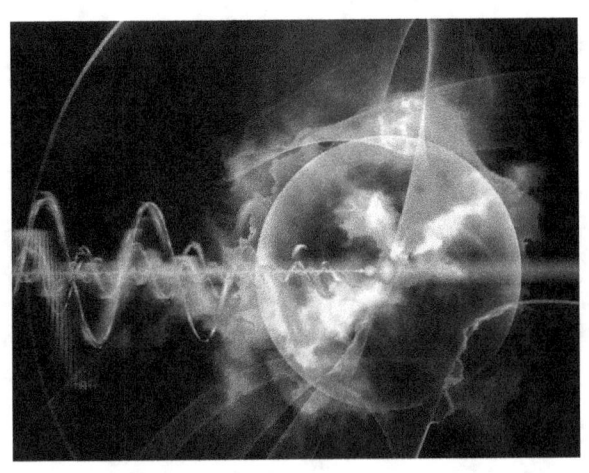

Violazione della simmetria di parità di carica.

Se si scambia una particella con il suo fratello di antimateria, le leggi della fisica dovrebbero rimanere le stesse. Quindi, ad esempio, il protone, che è caricato positivamente, dovrebbe avere lo stesso aspetto di un antiprotone caricato negativamente.

Questo è il principio della simmetria di carica. Se si scambia sinistra e destra, ancora una volta, le leggi della fisica dovrebbero essere le stesse. Questa è la simmetria di parità. Insieme, le due, sono chiamate "simmetria CP".

Il più delle volte, questa regola fisica non viene violata. Tuttavia, alcune particelle "esotiche" la vìolano; e McNees ha ammesso che questo è strano. "Non dovrebbero esserci violazioni di CP nella meccanica quantistica", ha detto. "E non sappiamo il perché."□

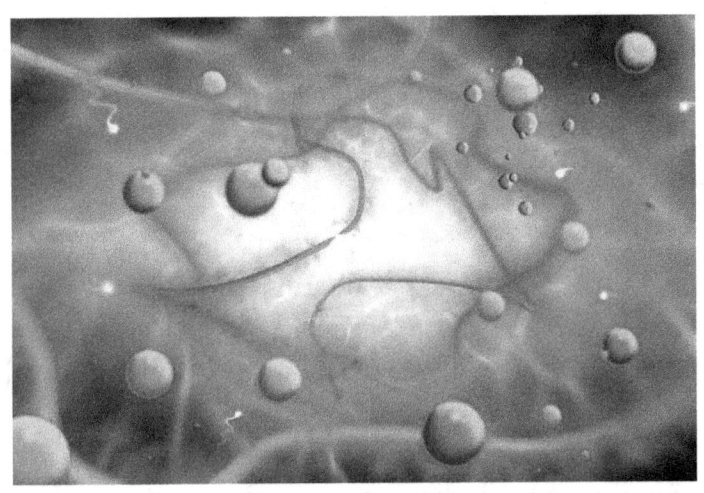

Collasso della funzione d'onda e teoria delle stringhe

L'esecuzione di una misurazione su una particella fa collassare la sua funzione d'onda, inducendola ad assumere un valore per l'attributo misurato.

Vediamo il significato di questo "collasso"

Nello strano regno degli elettroni, dei fotoni e delle altre particelle fondamentali, la meccanica quantistica è legge. Le particelle non si comportano come minuscole palline, ma piuttosto come onde che si diffondono su una vasta area. Ogni particella è descritta da una "funzione d'onda", o distribuzione di probabilità, che indica quale sarà la sua posizione, velocità e altre proprietà; ma, ma attenzione, non quali sono con precisione tali proprietà.

La particella ha effettivamente un intervallo di valori per tutte le proprietà, finché non se ne misuri sperimentalmente uno - la sua posizione, per esempio - a quel punto la funzione d'onda della particella <u>"collassa"</u> e adotta una sola posizione.

Ma come e perché la misurazione di una particella fa collassare la sua funzione d'onda, producendo la realtà concreta che percepiamo esistere? Il problema, noto come **problema di misurazione**, può sembrare esoterico, ma la nostra comprensione di cosa sia la realtà, o se esista del tutto, dipende dalla risposta.

La teoria delle stringhe è corretta?

Quando i fisici presumono che tutte le particelle elementari siano in realtà anelli unidimensionali, o "stringhe", ognuna delle quali vibra a una frequenza diversa, la fisica diventa molto più facile. La teoria delle stringhe dovrebbe consentire ai fisici di riconciliare le leggi che governano le particelle, chiamate meccanica quantistica, con le leggi che governano lo spazio-tempo, chiamate relatività generale; e di unificare le quattro forze fondamentali della natura in un unico quadro. Ma il problema è che la teoria delle stringhe può funzionare solo in un universo con 10 o 11 dimensioni: tre grandi dimensioni spaziali; sei o sette spaziali compatte e una dimensione temporale. Le dimensioni spaziali compatte - così come le corde vibranti stesse – per soddisfare la teoria debbono essere circa un miliardesimo di trilionesimo delle dimensioni di un nucleo atomico. Il problema è che non esiste un modo concepibile per rilevare qualcosa di così piccolo, quindi non esiste un modo noto per convalidare o invalidare sperimentalmente la teoria delle stringhe.

In sintesi: la meccanica quantistica è una balla pazzesca?

Un giornalista chiede a un gruppo di fisici: "Qual è il significato della violazione della disuguaglianza di Bell?" Un fisico risponde: "Significa che la non località è un fatto accertato". Un altro dice: "Non c'è non-località; il messaggio è che i risultati della misurazione sono irriducibilmente casuali". Un terzo dice: "Non si può rispondere semplicemente con ragioni puramente fisiche: la risposta richiede un atto di giudizio metafisico". Sconcertato dalle risposte, il giornalista continua a porre domande sulla teoria quantistica: "Che cosa è teletrasportato nel teletrasporto quantico?" "Come funziona davvero un computer quantistico?" Incredibilmente, per ciascuna di queste domande, il giornalista ottiene una varietà di risposte che, in molti casi, si escludono a vicenda.

Immaginate che gli astronomi non credano davvero che la Terra orbiti attorno al sole ; anzi; che affermino che non possiamo veramente sapere se il sole orbiti attorno alla Terra o no. Sarebbe assurdo; nessuno scienziato rispettabile potrebbe mai sognarsi di fare affermazioni simili a questa.

Tranne quando si tratta della teoria più potente della storia della fisica: la meccanica quantistica. Più di un secolo dopo la sua nascita, la meccanica quantistica, la fisica di atomi, fotoni e altre particelle, rimane non capìta. Anzi; capìta in modo strano.

E dire che gli esperimenti hanno ripetutamente confermato le strane visioni della teoria con una precisione fenomenale. Le tecnologie che ne derivano guidano oggi l'economia mondiale: l'industria elettronica così come la conosciamo non esisterebbe senza la meccanica quantistica. Eppure, nonostante il dominio indiscusso della teoria e il suo significato pratico, i fisici non sono ancora d'accordo su cosa significhi o cosa ci dica sulla natura della realtà. E alcuni pensano, appunto, che sia una balla pazzesca.

Infatti almeno una dozzina di interpretazioni della meccanica quantistica si contendono i cuori e le menti dei fisici, ognuna con una visione radicalmente diversa della realtà. Ognuna appare come una arrampicata sugli specchi; di cui gli stessi arrampicatori sono scettici.

Ve ne do le evidenze, secondo me, più importanti.

Bohr ed Einstein: litigano; ma i risultati delle sperimentazioni confermano la confusione

La confusione sul tema risale ai primi tempi della meccanica quantistica, negli anni 1920, quando Niels Bohr si scontrò con Albert Einstein. Bohr, una figura quasi mitica nella fisica del 20° secolo, sosteneva che, quando studiano il mondo atomico, i fisici devono rinunciare alla nozione di una realtà che esista indipendentemente dalle proprie misurazioni. Il messaggio della meccanica quantistica affermava infatti, secondo lui, che gli atomi e tutte le altre particelle non possiedono posizioni, energie o proprietà definite, fino a quando non vengano misurate in un esperimento. In altre parole, non era solo che i fisici quantistici non possano sapere quali siano le proprietà delle particelle; ma era, secondo lui, che le proprietà nascono letteralmente solo al momento della misurazione.

Einstein respinse categoricamente l'opinione di Bohr. Mentre passeggiava nel parco dell'Institute for Advanced Study all'Università di Princeton in una notte illuminata dalla luna, notoriamente, chiese a un collega: **"Credi davvero che la luna non sia lì quando non la guardi?"**

Cosa rende la meccanica quantistica così confusa? Uno dei problemi è che la teoria stessa è confusa; ma, fatto ancor più sconcertante, le sperimentazioni confermano questa confusione. Considerate infatti il seguente esperimento: un raggio di luce irraggia attraverso due fessure parallele tagliate in una barriera, e cade su una striscia di pellicola fotografica posta oltre la barriera. Poiché la luce stessa è costituita da un flusso di particelle - fotoni - sembra ragionevole supporre che i fotoni passino attraverso una fenditura o l'altra nel percorso verso il film. E se i fisici impostano l'esperimento con un rivelatore di fotoni su ciascuna fenditura, è proprio quello che vedono: i fotoni si muovono casualmente attraverso la prima fenditura o la seconda, il che si traduce in due gruppi separati di punti che si formano sul film.

Un leggero aggiustamento, tuttavia, altera profondamente i risultati. Se i fisici rimuovono i rivelatori di fotoni, il modello creato sul film cambia completamente. Invece di due gruppi di punti, nel film appaiono bande chiare e scure alternate, ciò che i fisici chiamano un modello di interferenza. Questo schema potrebbe formarsi solo se ogni singolo fotone si diffondesse in qualche modo come un'onda e attraversasse entrambe le fessure contemporaneamente.

In altre parole, i fotoni si comportano come particelle con i rilevatori presenti, e come onde senza rivelatori.

Per Bohr, questo dimostra che gli oggetti che consideriamo particelle non hanno un'esistenza definita fino a quando non vengano osservati. In sintesi: sulle scale piccole la realtà è sfocata, non definita in modo preciso (almeno quando nessuno sta guardando).

Ma, dato che alla fine ogni cosa è costituita da quelle onde di particelle sfocate, perché non vediamo effetti quantici nella nostra vita quotidiana? Perché le persone, gli alberi e tutto il resto non sono ondulati e indistinti come gli atomi di cui sono fatti?

La risposta è che nessuno lo sa.

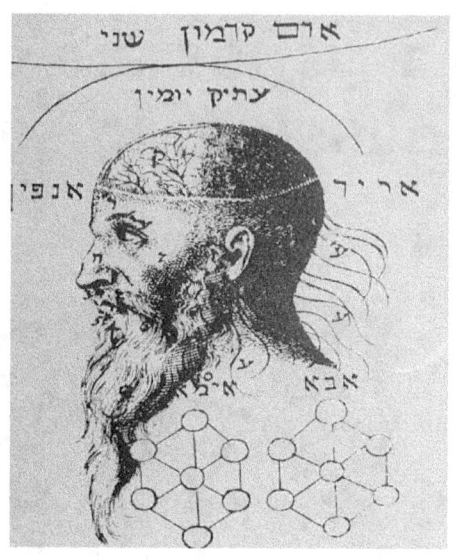

OGNI POSSIBILITA' E' REALE

I tentativi di rispondere a queste domande hanno, addirittura, aggiunto una dose extra di stranezza alle elucubrazioni quantistiche. Forse la più strana di tutte è quella proposta per la prima volta nel 1957 dal fisico di Princeton Hugh Everett. Everett sostenne che le equazioni della meccanica quantistica dovrebbero essere prese al valore nominale: secondo lui **tutte le onde quantistiche sono reali, con ogni possibile onda che rappresenta una realtà separata e indipendente.** E denomina la sua teoria come **Many Worlds;** secondo cui ogni possibile evento fisico ha luogo, in un suo universo che è parallelo a tutti gli altri.

Le implicazioni sono sconcertanti. In questo momento, se ciò fosse vero, una quantità innumerevole di voi sta leggendo questo scritto grattandosi la testa.

E veniamo al gatto sfortunato di Erwin Schröedinger.

Schröedinger, contemporaneo di Bohr ed Einstein, e uno dei fondatori della meccanica quantistica, ha ideato un suo famoso esperimento mentale per evidenziare ciò che vedeva come assurdità nelle idee di Bohr. Il suo esperimento ha sei componenti: una scatola d'acciaio, un gatto, un elemento radioattivo, un contatore Geiger, un martello e una fiala di cianuro. Il gatto viene messo nella scatola d'acciaio; il coperchio viene chiuso. Nessuno può vedere cosa sta succedendo dentro. Durante un determinato intervallo di tempo, l'elemento radioattivo può o meno emettere una particella ad alta energia. In tal caso, il contatore Geiger lo rileva e innesca il martello per rompere la fiala, rilasciando fumi velenosi che uccidono il gatto. In caso contrario, il gatto sopravvive.

Secondo le regole della meccanica quantistica, la particella radioattiva esiste come una funzione d'onda in tutti i suoi possibili stati, sia emessi che non emessi. Un singolo stato definito si cristallizza solo al momento della misurazione. Cosa significa questo per il gatto? Significa che è, contemporaneamente, vivo e morto finché qualcuno non apre la scatola per dare un'occhiata. Schröedinger ridicolizzò l'idea di un gatto esistente in due diverse condizioni di vita e di morte contemporaneamente.

Per alcuni fisici, l'esperimento mentale di Schrödinger mostra che la funzione d'onda non può essere reale; e che rappresenta nient'altro che le probabilità di eventi diversi. Il gatto è vivo o morto, non vivo e morto. Le condizioni del gatto sono determinate prima che qualcuno apra la scatola. L'unica cosa che cambia quando si apre la scatola è la nostra conoscenza del destino del gatto.

I molti universi

Il teorema di Pusey, Barrett e Rudolph, noto come teorema PBR, usa un sofisticato argomento matematico per mostrare che qualsiasi interpretazione della meccanica quantistica, che non tratti la funzione d'onda come un oggetto reale, porta invariabilmente a risultati che contraddicono la stessa teoria quantistica. Se hanno ragione e la funzione d'onda è reale, interpretazioni come la Many Worlds di Everett, che prendono per scontata la realtà della funzione d'onda, potrebbero iniziare a sembrare più plausibili. In quel caso, il gatto di Schrödinger sarebbe vivo in un universo, morto in un altro. In alternativa, i fan della visione di Bohr potrebbero affermare che il gatto esiste come un'onda quantistica all'interno della scatola chiusa; il felino sarebbe davvero in uno stato combinato vivo-morto fino a quando qualcuno non darà un'occhiata.

Chiaro, no ? Ovviamente no. Vi illustro un'altra teoria.

La realtà ovviamente cambia; e la nostra osservazione la segue: ecco "il Qbism"

Neanche Christopher Fuchs, fisico all'Università del Massachusetts, e Ruediger Schack della Royal Holloway University di Londra erano d'accordo con le suddette teorie; e introdussero il Qbismo (leggi "cubismo").

Il QBismo considera che le probabilità di un dato evento vengano riviste man mano che si acquisisce una maggiore conoscenza delle molte possibili condizioni legate all'evento. Ad esempio, se un paziente lamenta mal di testa da un medico, le probabilità iniziali di una diagnosi di cancro al cervello potrebbero essere basse. Mentre il medico esamina il paziente, le probabilità di una diagnosi di cancro possono aumentare o diminuire. QBism applica ragionamenti simili agli esperimenti di fisica: ogni volta che i fisici eseguono un esperimento, aggiornano le proprie conoscenze soggettive. Quindi non esiste una realtà di base che diversi osservatori possono sperimentare indipendentemente da essa. Nel QBismo, lo sperimentatore non può essere separato dall'esperimento: entrambi sono immersi nello stesso momento vivente e imprevedibile.

La teoria delle onde pilota

Ve ne propongo un'altra. Nel 1927, il fisico francese Louis de Broglie, che per primo propose che le particelle potessero comportarsi come onde, sviluppò un'interpretazione della meccanica quantistica chiamata "teoria delle onde pilota", dove onde e particelle sono entrambe ugualmente reali. Ogni particella cavalca la propria onda. La teoria dell'onda pilota potrebbe spiegare il conosciuto "esperimento a due fenditure": una particella passa sempre attraverso una fenditura oppure l'altra; ma, allo stesso tempo, la sua onda pilota viaggia attraverso entrambe le fessure.

Il fisico Antony Valentini, fisico teorico e professore alla Clemson University ha dedicato la sua carriera a far evolvere, quasi da solo, l'idea dell'onda pilota; e oggi i suoi anni di lavoro hanno effettivamente (forse) qualche possibilità di avere successo. Delle molte interpretazioni della teoria quantistica, la teoria delle onde pilota è molto interessante in quanto pare che Valentini abbia trovato il modo di "testarla" sperimentalmente. Secondo la sua teoria alcuni effetti previsti nella teoria delle onde pilota potrebbero aver lasciato un'impronta sul fondo delle microonde cosmiche; la radiazione primordiale rimasta dal Big Bang che pervade ancora tutto lo spazio.

La temperatura di tale radiazione è quasi

perfettamente uniforme di 2.725 gradi Celsius (cioè sopra lo zero assoluto). Osservazioni dettagliate, tuttavia, hanno trovato lievi variazioni nella radiazione. La teoria quantistica standard può spiegare quasi tutte queste variazioni, ma **nel 2015 i nuovi dati rilasciati dal veicolo spaziale Planck dell'Agenzia Spaziale Europea hanno rivelato prove di piccole anomalie nelle radiazioni di fondo.** E questo è proprio il tipo di anomalia che Valentini sta cercando. La teoria quantistica convenzionale prevede infatti che le fluttuazioni quantistiche casuali nell'universo primordiale abbiano lasciato impronte celesti "lisce"; la teoria delle onde pilota prevede invece fluttuazioni che sono meno casuali, lasciando "rughe" nella radiazione cosmica di fondo.

Secondo Valentini, pochi altri anni di dati e analisi dovrebbero portare importanti soluzioni della questione. Tuttavia, si rende conto che le probabilità che il lavoro della sua vita venga confermato sono scarse. "Chi sa cosa accadrà?" Dice. "Potrebbero volerci 20 anni di ulteriore lavoro. Non lo sappiamo. Se siamo onesti come scienziati, se un membro del pubblico che ci ascolta ci chiede **quale sia il significato della nostra teoria, penso che tutti dobbiamo dire che non lo sappiamo.**"

Il bosone di Higgs

Molti quesiti in fisica delle particelle sono relativi all'esistenza della massa delle particelle. Si dice che il "meccanismo di Higgs", il quale consiste nel campo di Higgs e nel corrispondente bosone di Higgs, dia massa alle particelle elementari. Per "massa" intendiamo la massa inerziale, che fa resistenza quando proviamo ad accelerare un oggetto, piuttosto che la massa gravitazionale, la quale è sensibile alla gravità. Nella celebre formula di Einstein $E = mc^2$, la "m" è la massa inerziale della particella. Da un certo punto di vista, questa massa è la quantità essenziale, che definisce che in un certo luogo ci sia una particella piuttosto che il nulla.

Nei primi anni 60, i fisici avevano una valida teoria delle interazioni elettromagnetiche e un modello descrittivo dell'interazione nucleare debole; la forza che è in gioco in molti decadimenti radioattivi e nelle reazioni che fanno splendere il sole. Avevano identificato profonde somiglianze tra le strutture di queste due interazioni; ma una teoria unificata ad un livello più profondo sembrava richiedere che le particelle fossero prive di massa, nonostante le particelle reali in natura ne abbiano.

Ma poi venne il "Bosone di Higgs", detto anche, come vediamo appresso, il "Bosone di Dio".

Perché in realtà, in principio, era la "particella dannata", "the Goddam particle". Con questo appellativo il fisico britannico Peter Higgs si riferiva all'elusivo bosone di cui aveva ipotizzato l'esistenza nel 1964, cercato con tenacia dagli studiosi del CERN per 48 anni e scovato nel luglio del 2012, grazie all'imponente acceleratore di particelle LHC. E questo era il titolo che il premio Nobel 1988 per la fisica Leon Lederman avrebbe voluto dare al suo libro divulgativo dedicato appunto a questa colossale avventura scientifica: *'The Goddam particle, if the universe is the answer, what is the question?'*.

Le cose andarono però diversamente: l'editore del libro cassò la prima parte del titolo di Lederman e impose il più evocativo 'The God particle' (tradotto in italiano con 'La particella di Dio'), fiutando il successo editoriale che ne sarebbe derivato. In effetti fu così, e la popolarità non fu solo editoriale; se pensiamo che, anche grazie a questa locuzione, non molto apprezzata dai fisici, il grande pubblico si interessa oggi al 'bosone di Higgs', la particella che rappresenta una sorta di chiave di volta per capire perché la materia esista nella forma che conosciamo, ma che non implica nulla di metafisico.

"Questa verifica sperimentale è una delle più importanti conferme del meccanismo ipotizzato da Peter Higgs attraverso il quale le particelle elementari hanno una propria massa. A questa particella è associato un campo che pervade tutto lo spazio-tempo, il cosiddetto campo di Higgs", spiega Corrado Spinella, direttore del Dipartimento scienze fisiche e tecnologie della materia (Dsftm) del CNR. "È dall'interazione con questo campo che le diverse particelle acquisiscono quell'importantissimo ingrediente che è la massa. La differenza della massa tra le varie particelle, per esempio tra l'elettrone e il protone, è spiegata proprio sulla base della diversa interazione che queste particelle hanno con il campo di Higgs. Il fotone non interagisce con il campo di

Higgs ed è per questo che non ha massa e si muove alla velocità della luce. Va detto che sulla base delle simmetrie che caratterizzano il Modello Standard tutte le particelle elementari dovrebbero avere, come il fotone, massa nulla. **È la rottura di queste simmetrie che porta alcune particelle a sentire il campo di Higgs e ad acquisire la massa".**

Concetti complessi e affascinanti, che il grande pubblico ha imparato a conoscere meglio in questi anni e che non resteranno gli unici aspetti che questa particella svelerà. A partire da questa verifica, i ricercatori del CERN ora sono impegnati ad affrontare attraverso LHC altre questioni aperte della fisica fondamentale. "Nell'istante del Big Bang, o in una frazione di tempo successiva incredibilmente piccola, il campo di Higgs era in uno stato caratterizzato da altissima simmetria: tutte le particelle elementari erano pura energia, senza massa, e una sola super forza regolava tutte le interazioni", conclude Spinella. "Con l'abbassamento delle temperature, nella fase di espansione seguita al Big Bang, la simmetria del campo di Higgs venne meno, la forza elettromagnetica si separò da quella elettrodebole e le particelle che interagivano con il campo di Higgs finirono per essere dotate di massa. Riprodurre, utilizzando LHC, eventi di questo genere, caratterizzati da energie in gioco veramente enormi, apre la strada alla comprensione sempre più dettagliata dei meccanismi alla base dell'origine dell'Universo e della sua evoluzione verso lo stato che sperimentiamo adesso

CAPITOLO II

I MISTERI DELLA "SCIENZA DEL MOLTO GRANDE"

ASTROFISICA

l'universo e' 10 volte piu' grande di quanto pensassimo pochi anni fa

OGNI PUNTINO LUMINOSO IN CIELO PU0' ESSERE UNA GALASSIA.

L'**Hubble Deep Field** (HDF), in italiano **campo profondo di Hubble**, è un'immagine di una piccola regione nella costellazione dell'Orsa Maggiore, basata sui risultati di una serie di osservazioni del telescopio spaziale Hubble. Essa copre un'area di 15 minuti d'arco e venne assemblata unendo 342 esposizioni separate prese con la fotocamera planetaria a grande campo 2 (Wide Field and Planetary Camera 2 o WFPC2) del telescopio spaziale in dieci giorni consecutivi, tra il 18 e il 28 dicembre 1995.

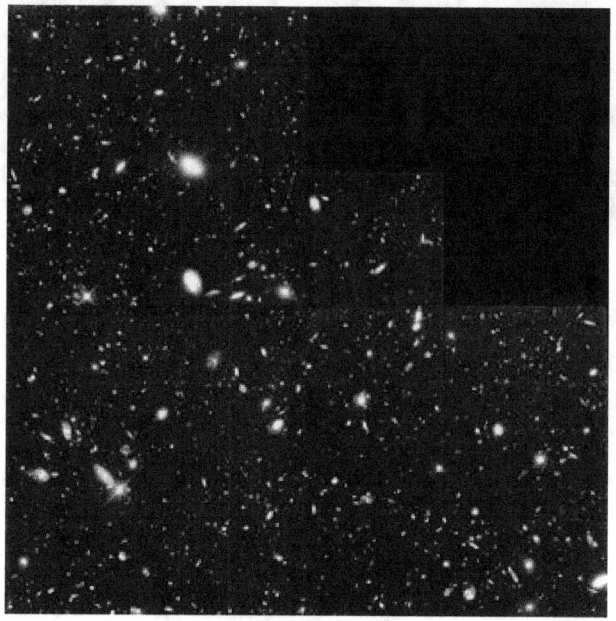

Hubble Deep Field
Wikipedia

Il campo è così piccolo che vi si trovano solo poche stelle della Via Lattea; quindi quasi tutti i 3000 oggetti dell'immagine sono galassie, alcune delle quali tra le più giovani e le più distanti conosciute. Rivelando un numero così grande di galassie molto giovani, l'HDF è diventata un'immagine caposaldo nello studio dell'universo primordiale e, da quando venne creata, è stata argomento di quasi 400 articoli scientifici.

Tre anni dopo le osservazioni dell'HDF, venne fotografata in modo simile una regione nell'emisfero sud celeste che venne chiamata Hubble Deep Field South. Le somiglianze tra le due regioni rafforzarono l'idea che l'universo sia uniforme su grande scala e che la Terra occupi una regione tipica nell'universo (Principio cosmologico).

Nel 2004 un'immagine più profonda, conosciuta come Hubble Ultra Deep Field (HUDF) fu costruita tramite i risultati di undici giorni di osservazioni. L'HUDF è stata superata il 25 settembre 2012 dall'Hubble Extreme Deep Field (XDF), costruita tramite 23 giorni di osservazione.

L'enorme miglioramento nella capacità di produrre immagini di Hubble in seguito all'installazione di ottiche correttive incoraggiò tentativi di ottenere immagini molto profonde di galassie lontane.

Uno degli obiettivi degli astronomi che progettarono il telescopio spaziale Hubble era di utilizzare la sua elevata risoluzione ottica per studiare galassie distanti a un livello di dettaglio impossibile dalla Terra. Posizionato sopra l'atmosfera, Hubble evita la luminescenza atmosferica permettendo di ottenere immagini più sensibili nella luce visibile e nell'ultravioletto rispetto a quelle che possono essere ottenute dai telescopi terrestri nel visibile. Sebbene quando il telescopio venne lanciato nel 1990 il suo specchio fosse affetto da aberrazione sferica, poté ugualmente essere utilizzato per catturare immagini di galassie più distanti di quanto fosse prevedibile ottenere. Poiché la luce impiega milioni di anni per raggiungere la Terra da galassie molto distanti, noi vediamo queste ultime come erano milioni di anni fa; quindi, l'estensione dello scopo di tale ricerca a galassie sempre più distanti ci permette una migliore comprensione di come esse evolvono.

Dopo la correzione dell'aberrazione sferica, effettuata durante la missione STS-61 dello Space Shuttle nel 1993, l'eccellente capacità di catturare immagini del telescopio venne utilizzata per studiare galassie sempre più distanti e deboli. Il Medium Deep Survey (MDS) utilizzò il WFPC2 per ottenere immagini profonde di campi casuali, mentre altri strumenti furono utilizzati per osservazioni stabilite precedentemente. Allo stesso tempo, altri programmi si focalizzarono su galassie già conosciute tramite le osservazioni da terra. Tutti questi studi rivelarono sostanziali differenze tra le proprietà delle galassie attuali rispetto a quelle esistite diversi milioni di anni fa.

Fino al 10% del tempo di osservazione di HST era il cosiddetto *Tempo a Discrezione del Direttore* (DD) e di solito veniva concesso agli astronomi per lo studio di fenomeni transitori inattesi, come le supernovae. Dopo aver visto che le ottiche correttive di Hubble funzionavano bene, l'allora direttore dello Space Telescope Science Institute, Robert Williams, decise di concedere una frazione sostanziale del suo tempo DD per lo studio di galassie distanti. Una speciale giunta di consulenza dell'istituto consigliò di utilizzare il WFPC2 per fotografare una parte "tipica" di cielo a un'alta latitudine galattica, utilizzando diversi filtri ottici. Venne quindi istituito un gruppo di lavoro per sviluppare il progetto.

La zona scelta per le osservazioni doveva soddisfare diversi criteri. Doveva essere ad alta latitudine galattica, perché la polvere interstellare e il materiale scuro nel piano del disco della Via Lattea impediscono l'osservazione di galassie distanti. Doveva evitare sorgenti luminose conosciute di luce visibile, infrarossa, ultravioletta ed emissioni di raggi X, per facilitare studi successivi di oggetti nel campo profondo a diverse lunghezze d'onda. Doveva inoltre essere in una regione con una bassa concentrazione di nubi infrarosse di fondo, deboli filamenti di emissione nell'infrarosso che si crede siano causati dal riscaldamento dei grani di polvere nelle nubi fredde di idrogeno (regioni H I).

Questi criteri restrinsero considerevolmente il campo delle potenziali aree obiettivo. Venne inoltre deciso che queste dovevano essere nelle "continuous viewing zones" (CVZs), aree del cielo che non vengono mai occultate dalla Terra o dalla Luna durante l'orbita di Hubble. Il gruppo di lavoro decise di concentrarsi sulle CVZ settentrionali, in modo che i telescopi nell'emisfero nord, come i telescopi Keck e il Very Large Array, potessero condurre osservazioni supplementari.

Vennero identificate venti zone che soddisfacevano tutti i criteri, tra le quali vennero scelte tre candidate ottimali, tutte all'interno della costellazione dell'Orsa Maggiore. Osservazioni radio esclusero una di queste zone, perché conteneva una sorgente radio, e la decisione finale tra le altre due venne presa sulla base della presenza di stelle di riferimento vicino alla zona: le osservazioni di Hubble normalmente richiedono un paio di stelle nelle vicinanze che i sensori di orientamento del telescopio possono agganciare durante l'esposizione, ma, data l'importanza delle osservazioni dell'HDF, il gruppo di lavoro richiese un secondo gruppo di stelle di riferimento.
La zona che fu scelta alla fine si trova a un'ascensione retta pari a $12^h 36^m 49,4^s$ e a una declinazione di $+62° 12' 48"$[1].

Secondo i calcoli odierni, quindi, l'universo contiene almeno due trilioni di galassie (Nell'uso statunitense e francese il termine trillion corrisponde a mille miliardi (10 elevato alla12)). È un posto incredibilmente grande, molto diverso dalla concezione dell'universo che avevamo fino a pochi anni fa.

Gli scienziati stimano che l'universo osservabile, la parte di esso che possiamo vedere, abbia un diametro di circa 93 miliardi di anni luce. E l'intero universo è considerato però essere almeno 250 volte più grande dell'universo osservabile.

Il nostro pianeta è a 150 milioni di chilometri dal sole. Le stelle più vicine alla Terra, nel sistema Alpha Centauri, distano quattro anni luce (circa 40 trilioni di chilometri). La nostra galassia, la Via Lattea, contiene da 100 a 400 miliardi di stelle. L'universo osservabile contiene circa 300 sestilioni di stelle (1 sestilione = 1000 trilioni) . Gli esseri umani ne occupano una infima frazione: la massa continentale del pianeta Terra è una goccia in questo oceano di spazio.

L'universo è anche molto vecchio. Forse ha più di 13 miliardi di anni . La Terra ha circa quattro miliardi di anni e gli esseri umani si sono evoluti circa 200.000 anni fa. Temporaneamente parlando, gli umani sono stati in giro per un batter di ciglio.

Il team internazionale di astronomi, guidato da **Christopher Conselice**, professore di astrofisica presso l'Università di Nottingham, è quello che ha scoperto di recente che l'universo contiene almeno 2 trilioni di galassie, dieci volte di più di quanto si pensasse in precedenza.

Gli astronomi hanno cercato a lungo di determinare quante galassie ci sono nell'universo osservabile, la parte del cosmo in cui la luce proveniente da oggetti distanti ha avuto il tempo di raggiungerci. Negli ultimi 20 anni gli scienziati hanno utilizzato le immagini del telescopio spaziale Hubble per stimare che l'universo che possiamo vedere contiene circa 100-200 miliardi di galassie. L'attuale tecnologia astronomica ci consente di studiare solo il 10% di queste galassie, e il restante 90% sarà visto solo quando saranno sviluppati telescopi più grandi e migliori.

La ricerca del Prof Conselice è il culmine di 15 anni di lavoro, in parte finanziato da una borsa di ricerca della Royal Astronomical Society assegnata ad un certo Aaron Wilkinson, uno studente universitario all'epoca. Aaron, quando era studente di dottorato presso l'Università di Nottingham, ha iniziato il suo lavoro eseguendo l'analisi iniziale del conteggio delle galassie; lavoro cruciale per stabilire la fattibilità dello studio su larga scala.

Il team del Prof Conselice ha quindi convertito le immagini dello spazio profondo dai telescopi di tutto il mondo, e in particolare dal telescopio Hubble, in mappe 3-D. Queste hanno permesso loro di calcolare la densità delle galassie e il volume di una piccola regione di spazio dopo l'altra. Questa ricerca meticolosa ha permesso al team di stabilire quante galassie ci mancavano dai conteggi iniziali, proprio come se fosse stato **uno scavo archeologico intergalattico.**

I risultati di questo studio si basano, in realtà, sulle misurazioni del numero di galassie osservate in epoche diverse - istanze diverse nel tempo - attraverso la storia dell'universo. Quando il Prof Conselice e il suo team a Nottingham, in collaborazione con scienziati dell'Osservatorio di Leiden, dell'Università di Leiden nei Paesi Bassi, e dell'Istituto di astronomia dell'Università di Edimburgo, hanno esaminato in dettaglio quante galassie c'erano in una data epoca, hanno scoperto che ce n'erano molte di più di quanto si credesse in passato.

Sembra che quando l'universo aveva solo pochi miliardi di anni c'erano dieci volte più galassie in un dato volume di spazio di quante ce ne siano oggi in un volume simile. La maggior parte di queste galassie erano sistemi di massa ridotta con masse simili a quelle delle galassie satelliti che circondano la Via Lattea.

Il Prof Conselice ha dichiarato: "Questo è molto sorprendente, perché sappiamo che, nel corso dei 13,7 miliardi di anni di evoluzione cosmica dal Big Bang, le galassie sono cresciute attraverso la formazione stellare e le fusioni con altre galassie.

Ha continuato: "Ci manca ancora la stragrande maggioranza delle galassie perché sono molto deboli e lontane. Il numero di galassie nell'universo è una questione fondamentale in astronomia, e lascia perplessi il fatto che, secondo le nostre risultanze, **oltre il 90% delle galassie nel cosmo debbano ancora essere studiate** Chissà quali proprietà interessanti troveremo quando studieremo queste galassie con la prossima generazione di telescopi."

Esistono universi paralleli?

I dati astrofisici attuali suggeriscono che lo spazio-tempo potrebbe essere "piatto", piuttosto che curvo, e quindi che vada avanti per sempre (se fosse chiuso, ad un certo punto dovrebbe chiudersi). Se fosse così, allora la regione che possiamo vedere (che noi pensiamo come "l'universo") è solo una macchia in un infinitamente più grande universo.

Ma, allo stesso tempo, le leggi della meccanica quantistica impongono che ci sia solo un numero finito di possibili configurazioni di particelle all'interno di ogni macchia cosmica ($10 ^\wedge 10 ^\wedge 122$ possibilità distinte). Quindi, ne consegue che, con un numero infinito di macchie cosmiche, le disposizioni delle particelle al loro interno sono costrette a ripetersi, infinite volte.

Ciò significa che ci sono infiniti universi paralleli: "patch cosmiche" contenenti qualche universo esattamente come il nostro; così come altri che differiscono magari per la posizione di una sola particella; oppure che differiscono per la posizione di due particelle e così via fino a

universi totalmente diversi dal nostro.

C'è qualcosa di sbagliato in quella logica, oppure il suo bizzarro risultato è vero? E se è vero, come potremmo mai rilevare la presenza di universi paralleli?

Date un'occhiata alle seguenti prospettive formulate nel 2015, che esaminano cosa significherebbero questi "universi infiniti".

spazio

In realtà il nostro universo potrebbe essere davvero grande, ma finito. Oppure potrebbe essere infinitamente grande.

Entrambi i casi, dice il fisico Brian Greene, sono possibili; ma, se questa affermazione è vera, lo è anche un altro postulato: ci sono solo tanti modi in cui la materia può organizzarsi all'interno di quell'universo infinito. Alla fine, quindi, la materia deve ripetersi e organizzarsi in modi simili. Quindi, se l'universo è infinitamente grande, ospita anche infiniti universi paralleli.

Vi suona confuso? Seguite il ragionamento e pensate all'universo come a un mazzo di carte.

"Se mischiate il mazzo, ci sono tante disposizioni delle carte che possono accadere", dice Greene. "Se mescolate quel mazzo abbastanza volte, infinite volte, le disposizioni potranno ripetersi. Allo stesso modo, con un universo infinito il modo in cui la materia si organizza deve ripetersi."

Greene, l'autore di *The Elegant Universe* e *The Fabric of the Cosmos*, affronta l'esistenza di universi multipli nel suo ultimo libro: *The Hidden Reality: Parallel Universes and the Deep Laws of the Cosmos* .

Recenti scoperte in fisica e astronomia, dice, indicano l'idea che il nostro universo potrebbe essere uno dei tanti universi che popolano un *multiverso* più vasto.

"Non puoi quasi evitare di avere qualche versione del multiverso nei tuoi studi, se ti avventuri abbastanza in profondità nelle descrizioni matematiche dell'universo fisico", dice. "Molti di noi astrofisici stanno pensando a una versione dimostrabile della teoria dell'universo parallelo. Se sono tutte sciocchezze, allora è stato uno sforzo inutile percorrere questa idea, apparentemente così astrusa. Ma se questa idea è corretta, è un fantastico sconvolgimento nella attuale nostra comprensione."

Come giocano un ruolo la meccanica quantistica e la relatività generale

Greene pensa che la chiave per comprendere questi multiversi derivi dalla teoria delle stringhe, l'area della fisica che ha studiato negli ultimi 25 anni.

In poche parole, la teoria delle stringhe tenta di conciliare un conflitto matematico tra due idee già accettate in fisica: la meccanica quantistica e la teoria della relatività.

"La teoria della relatività di Einstein fa un lavoro fantastico per spiegare grandi cose", dice Greene. "La meccanica quantistica funziona per l'altra estremità del mondo fisico - per le piccole cose. Il grosso problema è che ognuna delle due teorie è efficiente nel suo ambito, ma, quando si confrontano tra loro, sono feroci antagoniste e la matematica cade a pezzi".

La teoria delle stringhe pare appianare le incongruenze matematiche attualmente esistenti tra la meccanica quantistica e la teoria della relatività. Presume che l'intero universo possa essere spiegato in termini di "stringhe", ovvero di "corde davvero, molto piccole" che vibrano in 10 o 11 dimensionii Il che significa, però, dimensioni che non possiamo vedere. Se queste stringhe esistono, potrebbero spiegare letteralmente tutto nell'universo, dalle particelle subatomiche alle leggi di velocità e gravità.

La teoria delle stringhe spiega quindi i multiversi?

"Ci sono un paio di multiversi che vengono fuori

dal nostro studio sulla teoria delle stringhe", dice Greene. "All'interno della teoria, le stringhe di cui stiamo parlando non sono le uniche entità consentite. La teoria permette anche **l'esistenza di oggetti che potremmo assimilare a grandi tappeti volanti, o membrane, che sono quindi superfici bidimensionali.** Questo significa, all'interno della teoria, che potremmo vivere su una di quelle superfici gigantesche, e che potrebbero esserci altre superfici similari che fluttuano nello spazio ".

Questa teoria, afferma, potrebbe essere un giorno verificabile nel Large Hadron Collider (LHC) del CERN, l'Organizzazione europea per la ricerca nucleare.

"Se viviamo su una di queste membrane giganti, egli dice, può accadere quanto segue: quando sbatti insieme le particelle - che è ciò che accade nell'LHC - alcuni detriti di quelle collisioni possono essere espulsi dalla nostra membrana ed essere mandati nel più grande cosmo in cui la nostra membrana galleggia". "Se ciò accade, i detriti porteranno via un po' di energia. Quindi se misuriamo la quantità di energia appena prima che i protoni si scontrino e la confrontiamo con la quantità di energia subito dopo la collisione, se ce n'è un po' meno dopo - ed è meno proprio nel modo giusto - indicherebbe che alcuni protoni sono volati via, suggerendo che questa immagine della "membrana" è corretta."

Greene spiega che quando ha iniziato a studiare la teoria delle stringhe e gli universi paralleli, non era perché pensasse che un giorno avrebbe potuto misurarne l'energia relativa al CERN, o sviluppare nuove equazioni matematiche. Semplicemente gli piaceva l'idea, dice, di studiare qualcosa su così vasta scala.

"Stiamo cercando di parlare non solo dell'universo, ma forse di altri universi, il tutto all'interno di un quadro logico che ci permetterebbe di fare alcune affermazioni definitive", dice. "Per me, è enormemente importante uscire dal quotidiano e guardare davvero l'universo sulle sue scale più grandi".

"Se, quando ero piccolo, la mia stanza fosse stata adornata con un solo specchio, i miei sogni ad occhi aperti d'infanzia avrebbero potuto essere molto diversi. Ma ne aveva due. E ogni mattina, quando aprivo l'armadio per prendere i miei vestiti, lo specchio incassato nella porta dell'armadio era allineato con quello sul muro, creando una serie apparentemente infinita di riflessi di tutto ciò che si trovava tra di loro. Era affascinante. Mi piaceva vedere un'immagine dopo l'altra che popolava i piani paralleli di vetro, estendendosi a perdita d'occhio. Tutte le riflessioni sembravano muoversi all'unisono - ma quello, lo sapevo, era una mera limitazione della mia percezione.

Quindi, nella mia mente, guardavo i viaggi di andata e ritorno della luce delle finestre. Il movimento della mia testa, il movimento del mio braccio che si muoveva silenziosamente tra gli specchi: ciascuna immagine riflessa spingeva la successiva. A volte immaginavo un me irriverente che si rifiutava di mettersi al suo posto, interrompendo la progressione costante e creando una nuova realtà che informava e deformava quelle che seguivano. Durante le pause a scuola, a volte pensavo alla luce che avevo diffuso quella mattina, rimbalzando all'infinito tra gli specchi, e mi univo a uno dei miei sé riflessi, entrando in un mondo parallelo immaginario costruito di luce e guidato dalla fantasia. Era un modo sicuro per infrangere le regole; rimbalzando ancora all'infinito tra gli specchi, e mi univo a uno dei miei sé riflessi, entrando in un immaginario mondo parallelo costruito di luce e guidato dalla fantasia.

A dire il vero, le immagini riflesse non hanno una mente propria. Ma questi giovani voli di fantasia, con le loro realtà parallele immaginate, risuonano con un tema sempre più importante nella scienza moderna: la possibilità dell'esistenza di mondi che si trovano oltre quello che conosciamo.

Universo e Universi

C'è stato un tempo in cui "universo" significava "tutto quello che c'è". Qualunque cosa: la nozione di "più di un universo", "più di un tutto", sarebbe stata una contraddizione in termini. Tuttavia una serie di sviluppi teorici ha gradualmente qualificato l'interpretazione di "universo". Per un fisico, il significato della parola ora dipende in gran parte dal contesto. A volte "universo" connota ancora "assolutamente tutto". A volte si riferisce solo a quelle parti di tutto ciò a cui qualcuno, come te o me, potremmo, in linea di principio, avere accesso. A volte viene applicato a regni separati: quelli che sono parzialmente o completamente, temporaneamente o permanentemente, inaccessibili a noi.

In questo senso, la parola relega la nostra realtà a far parte di una grande, forse infinitamente vasta, raccolta.

Con la sua egemonia diminuita, La parola "universo" ha lasciato il posto ad altri termini introdotti per catturare la tela più ampia su cui può essere dipinta la totalità della realtà. **Mondi paralleli o universi paralleli o universi multipli o universi alternativi o il metaverso, megaverso o multiverso** : sono tutti sinonimi e sono tutte tra le parole usate per abbracciare non solo il nostro universo ma uno spettro di altri che potrebbero essere là fuori .

Ma noterete che i termini sono ancora alquanto vaghi.

Cosa costituisce esattamente un mondo o un universo? Quali criteri distinguono i regni che sono parti distinte di un singolo universo da quelli classificati come universi propri? Forse un giorno la nostra comprensione di universi multipli maturerà abbastanza da poter avere risposte precise a queste domande. Per ora, useremo l'approccio notoriamente applicato dal giudice Potter Stewart nel tentativo di definire la pornografia: mentre la Corte Suprema degli Stati Uniti lottava con forza per delinearne uno standard, Stewart dichiarò semplicemente e apertamente: **"La riconosco quando la vedo".**

Alla fine, etichettare un regno o l'altro come universo

parallelo è solo una questione di linguaggio. Ciò che conta, ciò che è al centro dell'argomento, è se esistono regni che sfidano le convenzioni, suggerendo che ciò che a lungo abbiamo pensato essere l'universo sia solo una componente di una realtà molto più grande, forse molto più strana, e per lo più nascosta.

Durante l'ultimo mezzo secolo, la scienza ha fornito ampi modi in cui questa possibilità potrebbe essere realizzata.

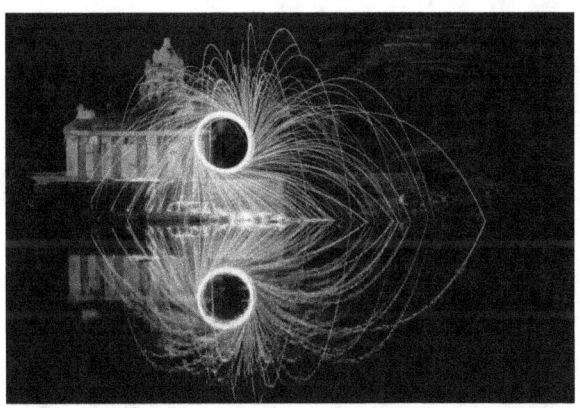

Varietà di universi paralleli

Un fatto sorprendente è che molti dei principali sviluppi nella fisica teorica di base: fisica relativistica, fisica quantistica, fisica cosmologica, fisica unificata, fisica computazionale, ci hanno portato a considerare l'una o l'altra varietà di "universo parallelo".

I paragrafi che seguono tracciano un arco narrativo attraverso un certo numero di variazioni sul tema del multiverso. Ciascuna immagina il nostro universo come parte di un insieme inaspettatamente più grande, ma il profilo di quello "intero" e la natura degli "universi membri" differiscono nettamente tra le varie variazioni sul tema.

In alcuni casi, gli universi paralleli sono separati da noi da enormi tratti di spazio o tempo; in altri sono sospesi a pochi millimetri di distanza; in altri ancora, la nozione stessa della loro ubicazione si rivela priva di significato.

Una gamma di possibilità simili è manifesta nelle leggi che governerebbero gli universi paralleli. In alcuni, casi le leggi sono le stesse delle nostre; in altri, sembrano diverse, ma hanno condiviso una qualche eredità; in altre ancora, le leggi hanno una forma e una struttura diversa da qualsiasi cosa che abbiamo mai incontrato. È allo stesso tempo umiliante e stimolante immaginare quanto possa essere grande la realtà.

Alcune delle prime incursioni scientifiche in mondi

paralleli furono iniziate negli anni '50, da ricercatori perplessi sugli aspetti della meccanica quantistica; che, come approfondito altrove in questo libro, è una teoria sviluppata per spiegare i fenomeni che si verificano nel regno microscopico degli atomi e delle particelle subatomiche.

La meccanica quantistica sappiamo che ha rotto gli schemi dell'architettura precedente, quella della meccanica classica, stabilendo che le previsioni della scienza sono necessariamente probabilistiche. Possiamo prevedere le probabilità di ottenere un risultato, possiamo prevedere le probabilità di un altro, ma generalmente non possiamo prevedere cosa accadrà effettivamente. Questo ben noto allontanamento da centinaia di anni di pensiero scientifico è abbastanza sorprendente. Ma c'è un aspetto più confuso della teoria quantistica che riceve meno attenzione. Dopo decenni di studio approfondito della meccanica quantistica, e dopo aver accumulato una grande quantità di dati che confermano le sue previsioni probabilistiche, **nessuno è stato in grado di spiegare perché solo uno dei tanti risultati possibili in una data situazione si verifica effettivamente.** Quando facciamo esperimenti, quando esaminiamo il mondo, siamo tutti d'accordo che incontriamo un'unica realtà definita.

Tuttavia, più di un secolo dopo l'inizio della rivoluzione quantistica, non vi è consenso tra i fisici su come questo fatto fondamentale sia compatibile con l'espressione matematica della teoria

Universi paralleli: teorie e prove

Il nostro universo è unico? Dalla fantascienza alla scienza, c'è un concetto che suggerisce che potrebbero esserci altri universi oltre al nostro, dove tutte le scelte che hai fatto in questa vita si sono svolte in realtà alternative. Il concetto è noto come "universo parallelo" ed è un aspetto della teoria astronomica del multiverso .

L'idea è pervasiva nei fumetti, nei videogiochi, nella televisione e nei film. **Ma nella realtà?**

In realtà ci sono un bel po' di teorie circa l'esistenza di multiversi.

Le varie teorie sugli

"universi paralleli"

Circa 13,7 miliardi di anni fa, semplicemente parlando, tutto ciò che esisteva del cosmo era una **singolarità infinitesimale** (una singolarità è un punto dello spazio-tempo in cui la forza gravitazionale diviene infinita e quindi la teoria della Relatività Generale di Einstein non riesce più a dirci nulla). Quindi, secondo la teoria del Big Bang, qualche innesco sconosciuto ha causato l'espansione e il gonfiaggio di questa singolarità nello spazio tridimensionale. Quando l'immensa energia di questa espansione iniziale si raffreddò, la luce iniziò a risplendere. Alla fine, le piccole particelle iniziarono a unirsi nei pezzi di materia più grandi che conosciamo oggi, come galassie, stelle e pianeti.

L'importante domanda su questa teoria è: **"siamo l'unico universo?"**. Con la nostra tecnologia attuale, siamo limitati alle osservazioni all'interno di questo universo; ma ci sono almeno cinque teorie sul perché un multiverso è possibile , come spiegato in un articolo di Space.com del 2012:

1. **Universi infiniti** . Non sappiamo quale sia esattamente la forma dello spazio-tempo.

Una teoria importante vuole che essa sia piatta e che vada avanti per sempre. Ciò presenterebbe la possibilità che ci siano molti universi. Ma con questo argomento, è possibile che gli universi possano iniziare a ripetersi. Questo perché le particelle possono essere messe insieme solo in tanti modi.

2. **Universi di bolle**. Un'altra teoria per universi multipli viene dalla "inflazione eterna". Sulla base della ricerca del cosmologo della Tufts University Alexander Vilenkin, quando si guarda allo spazio-tempo nel suo insieme, alcune aree dello spazio smettono di gonfiarsi come il Big Bang ha gonfiato il nostro universo. Altre aree, tuttavia, continueranno a ingrandirsi. Quindi, se immaginiamo il nostro universo come una bolla, esso si trova in una rete di universi di bolle di spazio. La cosa interessante di questa teoria è che gli altri universi potrebbero avere leggi della fisica molto diverse dalle nostre, dal momento che non sono collegati.

3. **Universi "figli"**. O forse più universi possono seguire la teoria della meccanica quantistica (che descrive come si

comportano le particelle subatomiche), come parte della teoria dell' "universo figlio". Se segui la legge della probabilità, essa suggerisce che per ogni risultato che potrebbe derivare da una delle tue decisioni, ci sarebbe una serie di universi, ognuno dei quali ha visto un certo risultato realizzarsi. Quindi, in un universo, sei andato a lavorare in Germania. In un altro eri in viaggio, e il tuo aereo è atterrato in un posto diverso. E così via.

4. **Universi matematici.** Un'altra possibile strada è esplorare gli "universi matematici" che, in poche parole, spiegano che la struttura della matematica possa cambiare a seconda dell'universo in cui risiedi. "Una struttura matematica è qualcosa che puoi descrivere in un modo completamente indipendente dal "bagaglio umano" - ha affermato il proponente della teoria, Max Tegmark del Massachusetts Institute of Technology, come citato in un articolo del 2012. - Credo davvero che ci sia questo universo; e che possa esistere indipendentemente da me; e che continuerebbe ad esistere anche se non ci fossero esseri umani".

5. **Universi paralleli** . E, ultima ma non meno importante, l'idea di universi paralleli. Tornando all'idea che lo spazio-tempo è piatto, il numero di possibili configurazioni di particelle in più universi sarebbe limitato a $10 \wedge 10 \wedge 122$ possibilità distinte, per essere esatti. Quindi, con un numero infinito di macchie cosmiche, le disposizioni delle particelle al loro interno devono ripetersi, infinite volte. Ciò significa che ci sono infiniti "universi paralleli": patch cosmiche esattamente uguali al nostro (che contengono qualcuno esattamente come te), così come patch che differiscono solo per la posizione di una particella, patch che differiscono per la posizione di due particelle, e così via fino a patch totalmente diverse dalle nostre.

Notoriamente, anche l'ultimo articolo del fisico Stephen Hawking prima della sua morte trattava del multiverso . Il documento è stato pubblicato nel maggio 2018, pochi mesi dopo la scomparsa di Hawking. Riguardo alla teoria, ha detto il fisico all'Università di Cambridge in un'intervista pubblicata sul Washington Post : **"Quasi sicuramente non siamo in un "universo unico", ma le nostre recenti scoperte implicano una riduzione**

significativa dei multiversi in una gamma molto
più piccola di universi possibili".

I disaccordi circa gli universi paralleli

Le teorie sull'universo parallelo suggeriscono che ci *siano infinite Terre,* magari ognuna un po' diversa dalla nostra.

Tuttavia, non tutti sono d'accordo con la teoria dell'universo parallelo. Un articolo del 2015 su *Medium* dell'astrofisico Ethan Siegal ha concordato sul fatto che lo spazio-tempo potrebbe andare avanti per sempre in teoria, ma ha affermato che ci sono alcuni limiti con questa idea.

Il problema chiave è che l'universo ha circa 14 miliardi di anni. Quindi l'età del nostro universo stesso non è ovviamente infinita, ma è una quantità finita. Ciò limiterebbe (in poche parole) il numero di possibilità per le particelle di riorganizzarsi.

Inoltre, l'espansione all'inizio dell'universo è avvenuta in modo esponenziale perché c'era tanta "energia inerente allo spazio stesso", ha affermato Siegal. Ma nel tempo, quell'inflazione è ovviamente rallentata: quelle particelle di materia create durante il Big Bang non continuano ad espandersi. Tra le sue conclusioni: ciò significa che i multiversi avrebbero tassi di inflazione diversi e tempi diversi (più o meno lunghi) per l'inflazione. Ciò riduce le possibilità di universi simili al nostro.

"Anche mettendo da parte questioni circa l'esistenza di un numero infinito di valori possibili per costanti, particelle e interazioni fondamentali, e persino mettendo da parte questioni di interpretazione, come se l'interpretazione dei molti mondi descriva effettivamente la nostra realtà fisica", ha sottolineato Siegal, "il fatto è che il numero di possibili risultati aumenta così rapidamente - molto più velocemente che semplicemente in modo esponenziale – significa che, a meno che l'inflazione non si sia verificata per un tempo veramente infinito, non ci sono universi paralleli identici o simili al nostro".

Ma piuttosto che vedere questa mancanza di altri universi come un limite, Siegal introduce, invece, la filosofia, e arriva a mostrarci quanto sia importante celebrare l'essere unici. Ti consiglia di fare le scelte che funzionino per te, che "ti lasciano senza rimpianti". Questo perché non ci sono altre realtà in cui si svolgano le scelte del tuo sé dei sogni; tu, quindi, sei l'unica persona che può fare quelle scelte. Concetti non molto scientifici; ma, tant'è…

Qual è il destino dell'universo?

Il destino dell'universo dipende fortemente da un fattore di valore sconosciuto: Ω, una misura della densità di materia ed energia in tutto il cosmo.

Se Ω è maggiore di 1, lo spazio-tempo sarebbe "chiuso" come la superficie di un'enorme sfera. Se non c'è energia oscura, un tale universo alla fine smetterebbe di espandersi e inizierebbe invece a contrarsi, fino a collassare su se stesso in un evento chiamato "Big Crunch". Se l'universo è chiuso, ma c'è energia oscura, l'universo potrebbe espandersi per sempre.

In alternativa, se Ω è minore di 1, la geometria dello spazio sarebbe "aperta" come la superficie di una sella. In questo caso, il suo destino finale è il "Big Freeze", seguito dal "Big Rip": in primo luogo, l'accelerazione verso l'esterno dell'universo farebbe a pezzi le galassie e le stelle, lasciando tutta la materia gelida e sola. Successivamente, l'accelerazione crescerebbe così forte da sopraffare gli effetti delle forze che tengono insieme gli atomi e tutto verrebbe distrutto.

Se $\Omega = 1$, l'universo sarebbe piatto, estendendosi come un piano infinito in tutte le direzioni. Se non c'è energia oscura, un tale universo planare si espanderebbe per sempre ma a un ritmo in continua decelerazione, avvicinandosi a un punto morto. Se c'è energia oscura, l'universo piatto alla fine subirebbe un'espansione incontrollata che porta al Grande Squarcio. **Indipendentemente da come andrà a finire, l'universo sta morendo**; un fatto discusso in dettaglio dall'astrofisico Paul Sutter in un suo saggio del dicembre 2015.

E' tutto quantistico?

La meccanica quantistica si applica solo al mondo microscopico? Sarebbe bello se si applicasse anche a quello "grande" e "molto grande"!

Una ricerca potrebbe fornire la risposta.

Sei mai stato in più di un posto allo stesso tempo? Se sei molto più grande di un atomo, la risposta sarà no. Ma gli atomi e le particelle sono governati dalle regole della meccanica quantistica, in cui diverse situazioni possibili possono coesistere contemporaneamente.

Vediamo meglio: i sistemi quantistici sono governati da quella che viene chiamata una "funzione d'onda": un oggetto matematico che descrive le probabilità di queste diverse possibili situazioni.

E queste diverse possibilità possono coesistere nella funzione d'onda come quella che viene chiamata una "sovrapposizione" di stati diversi. Ad esempio, una particella esistente in più luoghi diversi contemporaneamente è ciò che chiamiamo "sovrapposizione spaziale".

È solo quando viene eseguita una misura che la funzione d'onda "collassa" e il sistema finisce in uno stato definito.

In generale, come abbiamo visto, la meccanica quantistica si applica al minuscolo mondo di atomi e particelle; e non si sa bene ancora cosa significhi per oggetti di grandi dimensioni.

Come diventa reale una funzione d'onda?

Cerchiamo "il calore"!

Ma come fa la funzione d'onda a diventare un oggetto "reale"?

Questo è ciò che i fisici chiamano il "problema della misurazione quantistica"; ed ha lasciato perplessi scienziati e filosofi per circa un secolo.

Se esiste un meccanismo che possa rimuovere il

potenziale di sovrapposizione quantistica da oggetti di grandi dimensioni, esso richiederebbe in qualche modo che "disturbi" la funzione d'onda - e **questo fatto creerebbe calore.**

Se venisse trovato tale calore, ciò implicherebbe che la sovrapposizione quantistica su larga scala è impossibile. Se tale calore viene escluso, è probabile che alla natura non dispiaccia "essere quantistica" a qualsiasi dimensione.

In quest'ultimo caso, con l'avanzare della tecnologia potremmo mettere oggetti di grandi dimensioni, forse anche esseri senzienti, in stati quantici.

I fisici, in realtà, non sanno ancora come sarebbe un meccanismo che prevenga le sovrapposizioni quantistiche su larga scala. Secondo alcuni, è un campo cosmologico sconosciuto. Altri sospettano che la gravità possa avere qualcosa a che fare con questo fatto.

Il vincitore del premio Nobel per la fisica, Roger Penrose, pensa che potrebbe essere una conseguenza della coscienza degli esseri viventi.

Ma alcuni cercano affannosamente questo "calore" quantico.

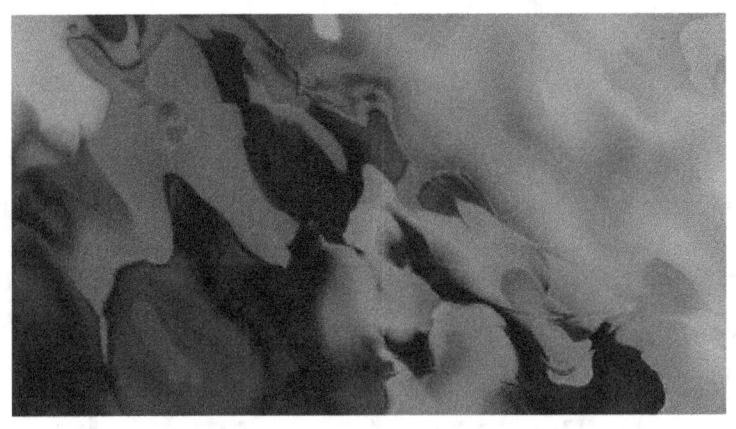

Inseguendo il "calore quantico"

Negli ultimi dieci anni circa, i fisici hanno quindi cercato febbrilmente una traccia di calore che indicherebbe un disturbo nella funzione d'onda.

Per scoprirlo, avremmo bisogno di un metodo in grado di sopprimere (il più completamente possibile) tutte le altre fonti di calore "in eccesso" che potrebbero ostacolare una misurazione accurata.

Dovremmo anche tenere sotto controllo un effetto chiamato "backaction" quantistico, in cui l'atto di osservare, in se stesso, crea calore.

I migliori esperimenti finora non sono stati in grado di raggiungere l'obiettivo di rivelare se la sovrapposizione spaziale è possibile per oggetti di grandi dimensioni. Ma è interessante l'esperimento formulato in maniera teorica, che vi illustro di seguito.

Trovare la risposta con un risonatore congelato

L'esperimento userebbe risonatori a frequenze molto più alte di quelle usate normalmente: avremo poi bisogno di usare un frigorifero a 0,01 gradi Kelvin sopra lo zero assoluto. (Lo zero assoluto è la temperatura più bassa teoricamente possibile).

Con questa combinazione di temperature molto basse e frequenze molto alte, le vibrazioni nei risonatori subiscono un processo chiamato "condensazione di Bose".

Si può immaginare questo stato quello di un risonatore che si congela così solidamente e velocemente che il calore generato dal frigorifero non può influenzarlo nemmeno per un po'.

Useremmo anche una diversa strategia di misurazione che non guarda affatto al movimento del risonatore, ma piuttosto alla quantità di energia. Questo metodo sopprimerebbe fortemente anche il calore di backaction.

L'esperimento verrebbe condotto come segue:

Singole particelle di luce entrerebbero nel risonatore e rimbalzerebbero avanti e indietro un paio di milioni di volte al secondo, assorbendo l'energia in eccesso. Alla fine lascerebbero il risonatore, portando con sè questa energia in eccesso.

Misurando l'energia delle particelle di luce in uscita, potremmo determinare se c'era calore nel risonatore.

Se fosse presente calore, ciò indicherebbe che una fonte sconosciuta ha disturbato la funzione d'onda. E questo significherebbe che è impossibile che la sovrapposizione avvenga su larga scala.

L'esperimento proposto è impegnativo. Non è il genere di cose che puoi organizzare casualmente la domenica pomeriggio. Potrebbero volerci anni di sviluppo, milioni di euro e molti abili fisici sperimentali.

Tuttavia, potrebbe rispondere a una delle domande più affascinanti sulla nostra realtà: "**è tutto quantistico?**" E quindi, pensiamo sicuramente che ne valga la pena.

Lo dico per i curiosi: per quanto riguarda il mettere un essere umano, o un gatto, in sovrapposizione quantistica, non c'è al momento modo di sapere come questo esperimento avrebbe effetto su quell'esser vivente.

Perché la gravità è così strana?

Nessuna forza ci è più familiare della gravità: è ciò che tiene i nostri piedi per terra, dopotutto. E la teoria della relatività generale di Einstein fornisce una formulazione matematica per la gravità, descrivendola come una "deformazione" dello spazio. Ma la gravità è un trilione di trilioni di trilioni di volte più debole delle altre tre forze conosciute (l'elettromagnetismo e i due tipi di forze nucleari che operano su distanze minime).

Una possibilità - speculativa a questo punto - è che oltre alle tre dimensioni dello spazio che notiamo ogni giorno, ci siano dimensioni extra nascoste, magari "raggomitolate" in modo da renderle impossibili da rilevare. Se queste dimensioni extra esistono - e se la gravità è in grado di "filtrare" in esse - potrebbe spiegare perché la forza della gravità ci appare così debole.

"Potrebbe essere che la gravità sia forte quanto queste altre forze, ma che venga rapidamente diluita riversandosi in queste altre dimensioni invisibili", afferma il fisico Whiteson. Alcuni fisici speravano che gli esperimenti all'LHC avrebbero fornito un accenno a queste dimensioni extra, ma finora senza fortuna."

Che diavolo è la gravità, comunque?

Cos'è la gravità, comunque? Altre forze sono mediate dalle particelle. L'elettromagnetismo, ad esempio, è lo scambio di fotoni. La forza nucleare debole è trasportata dai bosoni W e Z ei gluoni trasportano la forza nucleare forte che tiene insieme i nuclei atomici. Il fisico McNees sottolinea che tutte le forze possono essere quantizzate, il che significa che potrebbero essere espresse come singole particelle e avere valori non continui.

Tranne la gravità.

La gravità non sembra essere così. La maggior parte delle teorie fisiche afferma che dovrebbe essere trasportata da **un'ipotetica particella priva di massa chiamata gravitone.** Il problema è che nessuno ha ancora trovato i gravitoni, e non è chiaro se qualsiasi rilevatore di particelle che possa essere costruito possa mai vederli. Perché, se i gravitoni interagiscono con la materia, lo fanno molto, molto raramente - così raramente che sarebbero invisibili contro il rumore di fondo. Non è nemmeno chiaro se i gravitoni siano privi di massa; e comunque, se la avessero, sarebbe molto, molto piccola; più piccola di quella dei neutrini, che sono tra le particelle più leggere conosciute. La teoria delle stringhe postula che i gravitoni (e altre particelle) siano anelli chiusi di energia, ma il lavoro matematico finora non ha prodotto molte informazioni al riguardo.

Poiché i gravitoni non sono stati ancora osservati, la gravità ha resistito ai tentativi di comprenderla nel modo in cui noi comprendiamo le altre forze; ossia come uno scambio di particelle.

Come abbiamo visto, alcuni fisici, in particolare Theodor Kaluza e Oskar Klein, hanno ipotizzato che la gravità possa funzionare come una particella in dimensioni eccedenti le tre dello spazio (lunghezza, larghezza e altezza) più quella del tempo (durata), **ma, se esiste questa dimensione, è ancora sconosciuta.**

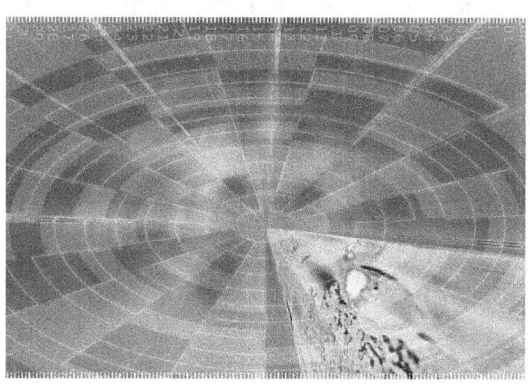

Dove è finita tutta l'antimateria?

Sappiamo che per ogni particella di materia ordinaria è possibile avere una particella identica con carica elettrica opposta. Un antiprotone è proprio come un protone, per esempio, ma con una carica negativa. L'antiparticella corrispondente all'elettrone caricato negativamente, nel frattempo, è il positrone caricato positivamente.

I fisici hanno creato l'antimateria in laboratorio. Ma quando lo hanno fatto, hanno creano una quantità uguale di materia. Ciò suggerirebbe che il Big Bang deve aver creato materia e antimateria in quantità uguali. Eppure quasi tutto ciò che vediamo intorno a noi, dal suolo sotto i nostri piedi alle galassie più remote, è fatto di materia ordinaria.

Cosa sta succedendo? Perché c'è più materia dell'antimateria? La nostra ipotesi migliore è che il Big Bang in qualche modo abbia prodotto un po' più di materia dell'antimateria. "Quello che doveva essere accaduto all'inizio della storia dell'universo - proprio nei momenti successivi al Big Bang - è che per ogni dieci miliardi di particelle di antimateria c'erano dieci miliardi **e una** particella di materia", dice Lincoln. "E la materia e l'antimateria hanno annientato i 10 miliardi, lasciando l'uno. **E quel piccolo 'uno' è la massa che ci compone**.

Ma perché il leggero eccesso di materia

sull'antimateria in primo luogo? "Non lo capiamo davvero", dice Lincoln. "È bizzarro." Se le quantità iniziali di materia e antimateria fossero state uguali, si sarebbero completamente annientate a vicenda in un'esplosione di energia. In tal caso, dice Lincoln, "non esisteremmo".

Alcune risposte potrebbero arrivare quando il Deep Underground Neutrino Experiment (DUNE) inizierà a raccogliere dati nel 2026. DUNE analizzerà un fascio di neutrini - particelle minuscole, prive di carica e quasi prive di massa - sparato dal Fermilab al Sanford Underground Research Facility nel South Dakota, lontano circa 1000 km. Il raggio includerà neutrini e antineutrini, con l'obiettivo di vedere se si comportano nello stesso modo, fornendo così potenzialmente un indizio sull'asimmetria materia-antimateria della natura.

Quando le onde sonore fanno luce

Sebbene le domande sulla fisica delle particelle tengano conto di molti problemi irrisolti, alcuni misteri possono essere osservati su una configurazione di laboratorio da banco. La sonoluminescenza è una di quelle. Se prendi dell'acqua e la colpisci con onde sonore, si formeranno delle bolle. Quelle bolle sono regioni di bassa pressione circondate da altre ad alta pressione; la pressione esterna spinge dentro l'aria a bassa pressione e le bolle collassano rapidamente.

Quando quelle bolle collassano, emettono luce, in lampi che durano trilionesimi di secondo.

Il problema è che non è affatto chiaro quale sia la fonte della luce. Le teorie variano da minuscole reazioni di fusione nucleare a qualche tipo di scarica elettrica, o persino al riscaldamento per compressione dei gas all'interno delle bolle. I fisici hanno misurato alte temperature all'interno di queste bolle, dell'ordine di decine di migliaia di gradi Fahrenheit, e hanno scattato numerose immagini della luce che producono. Ma non c'è una buona spiegazione di come le onde sonore creino queste luci in una bolla.

Cosa c'è oltre il modello standard?

Il modello standard è una delle teorie fisiche di maggior successo mai concepite. Ha resistito agli esperimenti di validazione per quattro decenni, e nuovi esperimenti continuano a dimostrare che è corretto.

Il Modello Standard descrive il comportamento delle particelle che compongono tutto ciò che ci circonda, oltre a spiegare perché, ad esempio, le particelle hanno massa. In effetti, la scoperta del bosone di Higgs - la particella che dà alla materia la sua massa - nel 2012 è stata una pietra miliare storica perché ha confermato la previsione di lunga data della sua esistenza.

Ma il modello standard non spiega tutto.

Il Modello Standard ha fatto molte previsioni di successo – oltre al bosone di Higgs, il bosone W e Z (che mèdiano le interazioni deboli che governano la radioattività e i quark tra di loro. Detto questo, la maggior parte dei fisici concorda sul fatto che **il modello standard non è completo**. Ci sono diversi contendenti per modelli nuovi e più completi - la teoria delle stringhe è uno di questi modelli - ma finora nessuno di questi è stato verificato in modo definitivo da esperimenti.

Le costanti fondamentali

Le costanti senza dimensione sono numeri a cui non sono associate unità. La velocità della luce, ad esempio, è una costante fondamentale misurata in unità di metri al secondo (o 300.000 km al secondo circa). A differenza della velocità della luce, le costanti adimensionali non hanno invece unità; possono essere misurate, ma non possono essere derivate dalle teorie.

Nel suo libro "Just Six Numbers: The Deep Forces That Shape the Universe" (Basic Books, 2001), l'astronomo Martin Rees si concentra su alcune "costanti adimensionali" che considera fondamentali per la fisica. In effetti, ce ne sono molte di più di sei; ne esistono circa venticinque nel Modello Standard.

Ad esempio, la **costante di struttura fine**, solitamente scritta come **alfa**, governa la forza delle interazioni magnetiche. È circa 0,007297. Ciò che rende strano questo numero è che se fosse diverso, la materia stabile non esisterebbe.

Un altro è il rapporto tra le masse di molte particelle fondamentali, come elettroni e quark, e la massa di Planck (che è 1,22 ´10 19 GeV / c 2).

I fisici adorerebbero capire perché quei numeri hanno i valori che hanno; perché, se fossero diversi, le leggi fisiche dell'universo non permetterebbero agli umani di esistere. **Eppure non c'è ancora una spiegazione teorica convincente del motivo per cui abbiano quei valori.**

Viviamo in un falso vuoto?

L'universo sembra relativamente stabile. Dopotutto, esiste da più di 13 miliardi di anni. Ma cosa sarebbe successo se l'intero universo fosse accaduto solo per un incidente?

Tutto inizia con Higgs e con il vuoto dell'universo. Il vuoto, o spazio vuoto, dovrebbe essere lo stato iniziale, lo stato energetico più basso possibile, perché non c'è niente in esso.

Nel frattempo, il bosone di Higgs - tramite il cosiddetto campo di Higgs - darebbe a tutto una massa. Scrivendo sulla rivista Physics, Alexander Kusenko, professore di fisica e astronomia presso l'Università della California, Los Angeles, ha affermato che lo stato energetico del vuoto può essere calcolato dall'energia potenziale del campo di Higgs e dalle masse di Higgs e dei quark.

Finora, quei calcoli sembrano mostrare che il vuoto dell'universo potrebbe non essere nello stato energetico più basso possibile. Ciò significherebbe che **è un falso vuoto.** Se è vero, il nostro universo potrebbe non essere stabile, perché un falso vuoto può essere portato in uno stato di energia inferiore da un evento sufficientemente violento e ad alta energia. Se ciò accadesse, si verificherebbe un fenomeno chiamato **nucleazione delle bolle.** Una sfera di vuoto a bassa energia inizierebbe a crescere alla velocità della luce.

Niente, nemmeno la materia stessa, potrebbe sopravvivere a questo fenomeno. In effetti, sostituiremmo l'universo con un altro, che potrebbe avere leggi fisiche molto diverse.

Sembra spaventoso, ma, dato che l'universo è ancora qui, chiaramente non c'è stato ancora un evento del genere. Quindi è abbastanza improbabile e non dovremmo preoccuparci. Detto questo, l'idea di un falso vuoto significa che il nostro universo potrebbe essere nato proprio in quel modo, quando il falso vuoto di un universo precedente è stato portato in uno stato di energia inferiore.

Forse siamo stati il risultato di un incidente ...

Decadimento del vuoto: l'ultima catastrofe. Se l'universo muore, questo è il modo più efficiente.

Di tanto in tanto, i fisici escogitano nuovi modi (teorici) per distruggere l'Universo; o per capire una sua futura distruzione.

C'è il Big Rip (una rottura dello spaziotempo); la Heat Death (morte del calore: espansione in un universo freddo e vuoto) e il Big Crunch (l'inversione dell'espansione cosmica).

Quello preferito da molti fisici, però, è, ed è sempre stato, il **decadimento del vuoto**. È un modo rapido, pulito ed efficiente per spazzare via l'Universo.

Per comprendere il decadimento del vuoto, è necessario considerare il campo di Higgs che permea il nostro universo. Come un campo elettrico, il campo di Higgs varia in intensità, in base al suo potenziale. Pensate al potenziale come a una pista inclinata su cui rotola una palla. Più è alta l'inclinazione della pista, più energia ha la palla quando rotola.

Il potenziale di Higgs determina se l'Universo si trova in uno dei due stati: un vero vuoto o un falso vuoto. Un vero vuoto è lo stato stabile, a più bassa energia, come stare seduti sul fondovalle. Un falso vuoto è come essere aggrappati alla parete della valle: una piccola spinta potrebbe facilmente farti cadere. Un universo in un falso stato di vuoto è chiamato "metastabile", perché non sta decadendo attivamente (rotolando), ma non è nemmeno esattamente stabile.

Ci sono due problemi nel vivere in un universo metastabile. Uno è che se crei un evento energetico abbastanza alto, puoi, in teoria, spingere una piccola regione dell'universo dal falso vuoto al vero vuoto, creando una bolla di vero vuoto che si espanderà in tutte le direzioni alla velocità di luce. Una simile bolla sarebbe letale.

L'altro problema è che la meccanica quantistica afferma che una particella può "tunnelizzare" attraverso una barriera tra una regione e l'altra, e questo vale anche per lo stato del vuoto. Quindi un universo che si trova abbastanza felicemente nel falso vuoto potrebbe, tramite fluttuazioni quantistiche casuali, trovare improvvisamente parte di se stesso nel vero vuoto, causando un disastro.

La possibilità di decadimento del vuoto è emersa solo di recente, perché le misurazioni della massa del bosone di Higgs sembrano indicare che il vuoto è metastabile. Ma ci sono buone ragioni per pensare che qualche nuova teoria fisica interverrà e salverà la situazione.

Una ragione è che l'epoca inflazionistica ipotizzata nell'Universo primordiale, quando l'Universo si espanse rapidamente nella prima minuscola frazione di secondo, probabilmente produsse energie abbastanza alte da spingere il vuoto oltre il limite nel vero vuoto. Il fatto che siamo ancora qui indica una delle tre cose seguenti: o l'inflazione si è verificata a energie troppo basse per farci ribaltare al limite; o l'inflazione non ha avuto luogo affatto; o l'Universo è più stabile di quanto suggeriscono i calcoli.

"Il decadimento del vuoto è l'ultima catastrofe ecologica ... non solo la vita come la conosciamo sarebbe impossibile, lo è anche la chimica ..."

Se l'Universo è davvero metastabile, tecnicamente, la transizione potrebbe avvenire attraverso processi quantistici in qualsiasi momento. Ma probabilmente non lo farà: si prevede che la durata di un universo metastabile sarebbe comunque molto più lunga dell'età attuale dell'Universo.

Quindi non dobbiamo preoccuparci. Ma cosa succederebbe **se il vuoto si decomponesse?**

Le pareti della bolla del vuoto si espanderebbero in tutte le direzioni, alla velocità della luce. Non vedresti arrivare il disastro. Le pareti della bolla potrebbero contenere un'enorme quantità di energia; quindi potresti essere incenerito mentre il muro di bolle ti attraversa. Diversi stati di vuoto hanno diverse costanti, quindi anche la struttura di base della materia potrebbe essere alterata in modo disastroso. Ma potrebbe essere anche peggio: nel

1980, i fisici teorici Sidney Coleman e Frank De Luccia calcolarono per la prima volta che qualsiasi bolla di vero vuoto subirebbe un collasso gravitazionale totale.

Dicono: "Questo è scoraggiante. La possibilità che stiamo vivendo in un falso vuoto non è mai stata incoraggiante considerare. Dopo il decadimento del vuoto, non solo la vita come la conosciamo sarebbe impossibile, lo sarebbe anche la chimica come la conosciamo.

Per sapere con certezza cosa succederebbe all'interno di una bolla di vero vuoto, avremmo bisogno di una teoria che descriva il nostro multiverso più ampio, e ancora non l'abbiamo. Fortunatamente, quindi, siamo ragionevolmente al sicuro.

Almeno per ora.

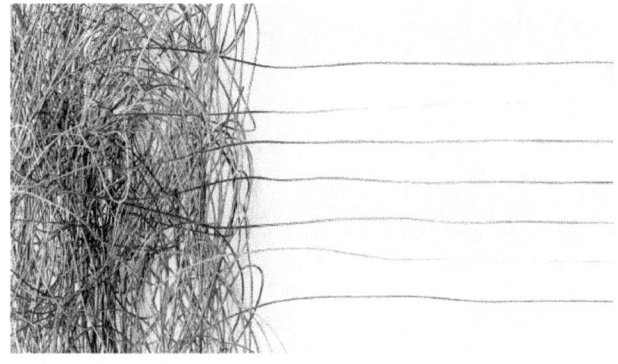

C'è ordine nel caos?

Le equazioni che descrivono l'acqua non sono state ancora risolte.

I fisici non sono in grado di risolvere esattamente l'insieme di equazioni che descrive il comportamento dei fluidi; dall'acqua all'aria, a tutti gli altri liquidi e gas.

In effetti, non è noto se esista una soluzione generale delle cosiddette equazioni di Navier-Stokes o, se la soluzione esiste, se essa descriva fluidi ovunque essi siano, o contenga punti intrinsecamente inconoscibili chiamati "singolarità".

Di conseguenza, la natura del caos non è per ora ben compresa.

Entropia: il problema irrisolto

Ci sono definizioni scientifiche rigorose di cosa sia l'entropia; ma la versione breve del concetto è che **l'entropia è disordine**.

L'idea è che la fisica diventi davvero complicata quando abbiamo miliardi di miliardi di oggetti che rimbalzano e non possiamo davvero tenere traccia di tutto. Quindi descriviamo il sistema con proprietà aggregate, anche se stiamo davvero accumulando molti stati microscopici ignorando i dettagli. L'entropia ti dice il numero di stati microscopici che abbiamo accumulato.

Una scrivania disordinata ha un'entropia maggiore di una scrivania ordinata perché ci sono molti modi diversi per disporre le cose sulla scrivania in modo che appaiano disordinate, ma solo pochi modi per disporle in modo tale da sembrare ordinate.

Ma nota che la quantità di entropia coinvolta nell'organizzazione di una scrivania è in realtà molto banale. Ho una scrivania moderatamente disordinata con due dozzine di oggetti diversi, ma questo non regge il confronto con i miliardi di miliardi di molecole in un singolo granello di polvere sulla tastiera del computer che ho sulla scrivania.

La seconda legge della termodinamica afferma che l'entropia aumenta nel tempo in un sistema chiuso. L'idea è che tutti quei processi complicati che coinvolgono miliardi di miliardi di oggetti siano più o meno casuali. Pertanto, ogni stato microscopico accessibile è ugualmente probabile. Gli stati di entropia elevata contengono un numero molto maggiore di possibili stati microscopici, quindi gli stati di entropia più elevati sono i più probabili. Quindi, se abbiamo un sistema in uno stato ordinato, è probabile che la sua entropia aumenterà, perché andrà verso il disordine.

Naturalmente, affinché questo argomento abbia

senso, dobbiamo avere uno stato ordinato per cominciare. Altrimenti, il sistema sarebbe in uno stato di massima entropia e continuerebbe a rimanere in quello stato per un tempo indefinito.

E poi quello stato ordinato deve provenire da uno stato ancora più ordinato, che doveva provenire da uno stato ancora più ordinato. Ma questa catena non può continuare per sempre, poiché si pensa che l'entropia abbia avuto un limite inferiore. (Pensate al limite inferiore di entropia come a un sistema molto, molto ordinato .)

E così sosteniamo che l'universo deve aver avuto un inizio con un'entropia molto bassa. Si potrebbe continuare a sostenere, per analogia, che l'universo è come la mia scrivania. Ma, proprio come la scrivania, richiedeva un essere senziente per riorganizzarla in modo che avesse una parvenza di ordine; e così l'universo deve aver avuto bisogno di qualche essere senziente per posizionarlo con cura in uno stato ordinato all'inizio.

Ma questo argomento fallisce, perché non riduco realmente l'entropia riorganizzando gli oggetti della mia scrivania. Piuttosto, per prima cosa, sto semplicemente riducendo l'entropia della mia disposizione della scrivania magari creando disordine altrove.. Infatti, la stragrande maggioranza dei processi che riducono l'entropia, fanno aumentare l'entropia altrove. E inoltre, ho messo in ordine gli oggetti sulla mia scrivania: non i granelli di polvere sulla tastiera del computer. Posso pulirli via con uno straccio; ma i granelli procureranno entropia sullo straccio.

La "Freccia del Tempo" e i problemi del secondo principio della termodinamica

Perché c'è una freccia del tempo?

Perchè il tempo va solo in avanti e non indietro? Perchè possiamo solo invecchiare e non ringiovanire?

I fisici rispondono alla domanda rompendo un uovo: il fatto che non puoi ritornare ad ottenere un uovo intero, dopo averlo rotto, è un esempio comune della legge della direzione del tempo. La quale, a sua volta è legata all' "entropia", il cui significato, in parole povere è, come abbiamo visto, "disordine".

Ossia: il tempo avanza perché una proprietà dell'universo chiamata "entropia", definita approssimativamente come il "livello di disordine": essa può solo aumentare, e quindi non c'è modo di invertire un aumento dell'entropia dopo che si è verificato (avete provato a ricomporre un uovo dopo che lo avete rotto?).

Il fatto che l'entropia aumenti è anche una questione di logica: ci sono più disposizioni disordinate di particelle che disposizioni ordinate. Ma la domanda di fondo è: se l'entropia dell'universo va aumentando, perché era così bassa in passato? In altre parole, perché l'universo era così ordinato all'inizio, quando un'enorme quantità di energia era ammassata insieme in una piccola quantità di spazio?

Sin dai tempi di Einstein, i fisici hanno pensato che lo spazio e il tempo formassero una struttura quadridimensionale nota come "spaziotempo". Ma lo spazio differisce dal tempo in alcuni modi molto fondamentali. Nello Spazio, siamo liberi di muoverci come desideriamo. Invece, nel Tempo, siamo bloccati. Invecchiamo, non diventiamo più giovani. E ricordiamo il passato, ma non il futuro. Il tempo, a differenza dello spazio, sembra avere una direzione preferita: i fisici la chiamano la **"freccia del tempo"**.

Alcuni fisici sospettano che la seconda legge della termodinamica fornisca un indizio. Essa afferma che l'entropia di un sistema fisico (più o meno, la quantità di disordine) aumenta nel tempo, e i fisici pensano che questo aumento sia ciò che dia al tempo la sua direzione. (Ad esempio, una tazza da caffè rotta ha più entropia di una intatta, e, cosa abbastanza sicura, le tazze da caffè rotte sembrano sempre esistere dopo quelle intatte, non prima.)

Ma torniamo alla domanda del perché l'entropia era bassa all'inizio dell'universo: essa era infatti insolitamente bassa 14 miliardi di anni fa, quando il Big Bang lo portò all'esistenza. Perché?

Per alcuni fisici, incluso Sean Carroll del Caltech, questo è il pezzo mancante del puzzle. "Se puoi dirmi perché l'universo primordiale aveva una bassa entropia, allora posso spiegarti il resto", dice. Dal punto di vista di Whiteson, l'entropia non è l'intera storia. "Per me", dice, "la parte più profonda della domanda è: perché il tempo è così diverso dallo spazio?" (Recenti simulazioni al computer sembrano mostrare come l'asimmetria del tempo potrebbe derivare dalle leggi fondamentali della fisica, ma il lavoro è controverso e la natura ultima del tempo continua a suscitare dibattiti appassionati .)

Il secondo principio della termodinamica presenta dei problemi. Esso enuncia, tra l'altro, che **molti eventi termodinamici, come ad esempio il passaggio di calore da un corpo caldo ad un corpo freddo, sono irreversibili.**

Il calore possiede una caratteristica unica nel mondo fisico: si diffonde in modo da creare cambiamenti irreversibili. È questo che impone al tempo una direzione, la cosiddetta *freccia del tempo*, definita dal secondo principio della termodinamica: se nient'altro intorno cambia, il calore non può passare da un corpo freddo a uno caldo.

L'enunciazione del principio si deve a Rudolf Clausius, «un austero professore prussiano dagli occhi spiritati» come lo definisce Rovelli. Clausius fu anche l'inventore del termine 'entropia', apparso per la prima volta in uno scritto del 1865. Mentre l'energia in un sistema isolato è una quantità fissa, l'entropia invece aumenta *irreversibilmente* (un fatto sintetizzato dalla formula

$$\Delta S \geq 0$$

che si legge «Delta S è sempre maggiore o eguale a zero»).

L'entropia è, in sintesi, la misura del grado di equilibrio raggiunto da un sistema isolato nel corso delle sue trasformazioni, tenendo conto del fatto che, in qualsiasi trasformazione, una parte dell'energia si converte invariabilmente in calore e il calore fluisce *sempre* dal corpo più caldo a quello più freddo. L'entropia tende verso un massimo, che consiste nel perfetto equilibrio termico di un sistema, una condizione in cui nessuna ulteriore trasformazione può avvenire.

L'aumento costante dell'entropia è l'*unica* realtà fisica che conferisca al tempo una *direzione*.

Le leggi del moto e quelle della gravitazione sono infatti *reversibili* dal punto di vista temporale: l'accelerazione, per esempio, funziona allo stesso modo, sia che il tempo scorra in avanti sia che scorra all'indietro. Ma l'entropia no: se apro lo sportello di un forno acceso, può succedere *solo* che il calore passi dal forno alla cucina, *mai* il contrario.

Ma perché il calore si comporta in questo modo? La ragione fu compresa dal fisico e filosofo austriaco Ludwig Boltzmann, che capì che il calore non è un fluido, come pensava il francese Sadi Carnot, ma è l'agitazione microscopica delle molecole: un fenomeno cinetico, che comporta la trasformazione di un sistema da stati più ordinati a stati più *disordinati*.

Seguiamo in proposito la spiegazione di Rovelli:

Questo agitarsi *mescola* tutto. Se una parte delle molecole è ferma, viene trascinata dalla frenesia delle altre e si mette anch'essa in moto: l'agitazione si diffonde, le molecole si urtano e si spingono. Per questo le cose fredde si scaldano a contatto con le cose calde: le loro molecole vengono urtate da quelle calde e trascinate nell'agitazione, cioè si scaldano.

L'agitazione termica è come un continuo mescolare un mazzo di carte: se le carte sono in ordine, il mescolamento le disordina. Così il calore passa dal caldo al freddo e non viceversa: per mescolamento, per il disordinarsi naturale di tutto.

Boltzmann ebbe il merito di allargare il concetto di entropia, trattandolo come un problema *statistico*, cioè come la misura del numero di configurazioni possibili di un sistema, da cui deriva la maggiore o minore probabilità che una trasformazione si concluda con un certo esito piuttosto che con un altro. Le sequenze disordinate sono, infatti, molto più probabili di quelle ordinate.

Immaginiamo, per esempio, di aprire un mazzo di carte nuove, ordinate in base al colore: prima **26** carte rosse e poi **26** carte nere. Se ora mescolo le carte, è estremamente difficile che mi ritrovi alla fine con la medesima separazione iniziale dei colori. La ragione è semplice: il numero di sequenze in cui le carte rosse appaiono mischiate con le carte nere in un mazzo di **52** carte è *enormemente più elevato* del numero di sequenze in cui compaiono prima 26 carte rosse e poi 26 carte nere. È una questione di pura probabilità.

Il fatto che l'universo si comporti in questo modo ci conduce però a una conclusione sconcertante: poiché ogni trasformazione vede sempre un *aumento* dell'entropia, cioè il passaggio di un sistema (isolato) da uno stato più ordinato a uno meno ordinato, allora l'universo come totalità deve essere partito da una condizione iniziale di entropia *bassissima* o — il che è lo stesso — di elevatissimo *ordine*, per consentire l'ininterrotta serie di trasformazioni in corso da 13,8 miliardi di anni a questa parte. Lo scorrere del tempo, dal nostro punto di vista, si riduce esattamente a questo: un passaggio continuo da configurazioni *peculiari* per il loro ordine ad altre meno peculiari e meno ordinate.

This is why we don't teach our children about entropy until much later...
Credit: <u>HMP Comics</u>

Ma il lavoro di Boltzmann apre le porte a un modo differente di considerare le cose, che porta a una conclusione, a ben guardare, davvero stupefacente.

Una configurazione è peculiare solo relativamente a un certo *punto di vista* sul mondo, il quale è sempre assolutamente *parziale*. Per esempio, la configurazione in cui 26 carte rosse vengono *prima* di 26 carte nere è peculiare solo se scelgo come riferimento il colore. Se scegliessi, invece, di fare attenzione ai semi delle carte, allora quella non sarebbe più una configurazione peculiare. «A pensarci bene, — precisa Rovelli — *qualunque configurazione è peculiare:* qualunque configurazione è unica, se ne guardo *tutti* i dettagli, perché qualunque configurazione ha sempre qualcosa che la caratterizza in modo unico».

Dove porta questo ragionamento? Ancora una volta a Boltzmann:

Boltzmann ha mostrato che **l'entropia esiste perché descriviamo il mondo in maniera "sfocata".** Ha dimostrato che l'entropia è precisamente la quantità che conta *quante* sono le diverse configurazioni che la nostra visione sfocata *non* distingue. Calore, entropia, bassa entropia del passato sono nozioni che fanno parte di una descrizione approssimata, statistica, della natura.

Il succo della questione è che la nostra percezione dello scorrere del tempo è la conseguenza di una *sfocatura*, di un modo

approssimato e impreciso di osservare il mondo. Se potessimo invece osservare gli eventi a livello *microscopico*, tenendo conto di *tutte* le relazioni e di tutte le configurazioni possibili, la distinzione tra passato e futuro scomparirebbe, così come quella tra causa ed effetto.

In altre parole, quindi: tutti i fenomeni legati al tempo riconducono a uno stato «particolare» delle cose, verificatosi in passato. Ma quello stato ci appare «particolare» solo perché la nostra visione d'insieme è sfocata: **è la nostra prospettiva sulle cose, parziale e limitata, che rende particolare il passato.** Non c'è *nulla* di intrinsecamente particolare nel passato, a livello microscopico, che lo renda diverso dal futuro.

In conclusione, il tempo ha una direzione irreversibile, dal passato al futuro, solo perché vediamo gli eventi in modo sfocato.

Se potessimo osservare e prendere in considerazione «la danza esatta dei miliardi di molecole» di cui è fatto il mondo intorno a noi, il tempo cesserebbe di avere una direzione, perché non ci sarebbero più configurazioni che la nostra visione non distingue e che l'entropia deve contare.

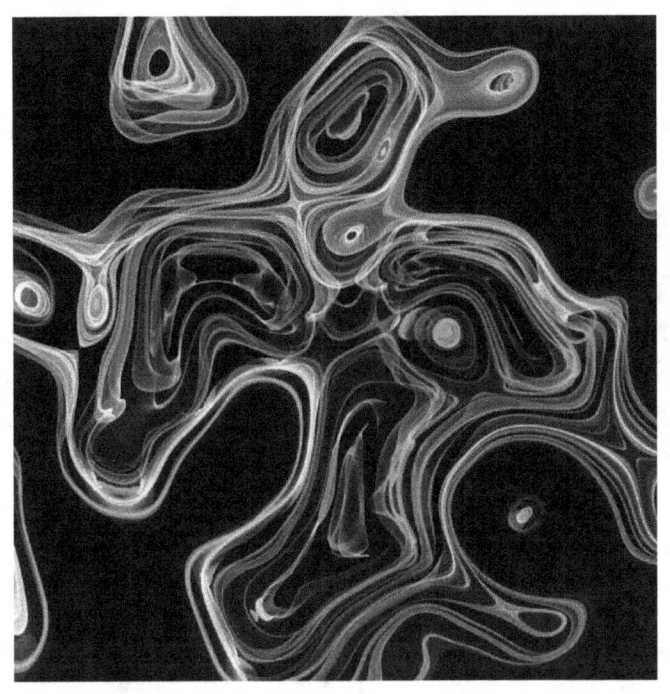

materia oscura e energia oscura

La maggior parte dell'universo conosciuto è composto da una materia di cui non si sa niente.

Anche se le nostre scoperte astrofisiche sono avanzatissime, ciononostante appare che siamo circondati da una materia (e da una energia) di tipo sconosciuto e non rilevabile dagli strumenti e con le metodologie che conosciamo: la materia oscura.

La storia iniziò nel 1917 quando i fisici scoprirono che, per qualche ragione, l'Universo aveva smesso di decelerare e stava accelerando. Strano, no ? E' come quando tiriamo una palla verso il cielo: essa si innalza fino ad un certo punto, e poi scende con velocità sempre maggiore.

Infatti, fino a circa 7 miliardi di anni dopo il "Big Bang" l'universo stava decelerando nella sua espansione, si stava comprimendo; dopodiché, si scoprì che, arrivato ad un certo punto, aveva invertito il senso e aveva cominciato ad espandersi; aumentando sempre più la velocità di espansione: 8 miliardi di anni dopo la velocità di espansione era ancora più grande, e 1 miliardo di anni dopo, ancora più grande; e così via.

I fisici, che si aspettavano una continua decelerazione dell'espansione, si sono invece trovati con una sorprendente accelerazione della stessa.

La deduzione che ne trassero è che possa essere

esistito e che esista, nella densità della materia dell'universo, un punto di **densità critica** (ad esempio un certo numero di pianeti per miliardo di chilometri cubici) raggiunto il quale le cose si bilancino; in cui attrazione e repulsione si compensino.

Ma cos'è questo "punto di densità critica", si chiesero? Come lo si rappresenta? E, soprattutto, cosa significa?

Ma la "caccia alla densità critica" non è stata mai ben definita; e comunque è durata poco ed è stata sostituita dalla "caccia alla materia ed energia oscura".

La maggior parte del nostro universo è nascosto alla nostra vista. Sebbene non possiamo vederla o toccarla, però, la maggior parte degli astronomi afferma, non sapendo come meglio definirla, che la maggior parte del cosmo è composta da una materia oscura e da una energia oscura.

In parole povere, la materia oscura dovrebbe rallentare l'espansione dell'universo, mentre l'energia oscura la accelererebbe. Ossia, la **materia oscura funzionerebbe come una forza attrattiva,** una specie di cemento cosmico che tiene insieme il nostro universo. Si afferma questo perché la materia oscura interagisce con la gravità, ma non riflette, assorbe o emette luce. Al contrario, **l'energia oscura sarebbe una forza repulsiva** - una sorta di antigravità - che guida l'espansione sempre più accelerata dell'universo. E esse sarebbero quindi responsabili di accelerazione e decelerazione dell'universo.

L'energia oscura è la forza di gran lunga più dominante delle due, rappresentando circa il 68% della massa e dell'energia totale dell'universo. La materia oscura ne costituisce il 27 percento. E il resto - un misero 5 percento - è tutto ciò che normalmente vediamo e con cui interagiamo ogni giorno.

L'universo visibile, tra cui la Terra, il sole, altre stelle e galassie, è composto da protoni, neutroni ed elettroni raggruppati in atomi. Forse una delle scoperte più sorprendenti del 20° secolo è stata, quindi, che questa materia ordinaria, definita "barionica", costituisce meno del 5% della massa dell'universo .

Analizziamo meglio questo "mistero" nei prossimi paragrafi.

parliamo innanzitutto di materia oscura

Una grandissima parte, quindi, della materia nell'universo non assorbe né emette luce. La "materia oscura", come viene chiamata, non può essere vista direttamente e non è stata ancora rilevata nemmeno per via indiretta: l'esistenza e le proprietà della materia oscura sono dedotte dai suoi effetti gravitazionali sulla materia visibile, sulle radiazioni e sulla struttura dell'universo.

Si pensa che questa sostanza oscura pervada la periferia delle galassie e possa essere composta da "particelle massicce che interagiscono debolmente" o WIMP *(weakly interacting massive particle"; denominazione di una particella massiva debolmente interagente", che dovrebbe indicare le particelle che potrebbero costituire la materia oscura disseminata negli spazi intersiderali)*.

In tutto il mondo, ci sono diversi scienziati alla ricerca di WIMP, ma finora non ne è stata trovata una.

Uno studio recente suggerisce che la materia oscura potrebbe formare flussi lunghi e a grana fine in tutto l'universo e che tali flussi potrebbero irradiarsi dalla Terra come peli da un braccio.

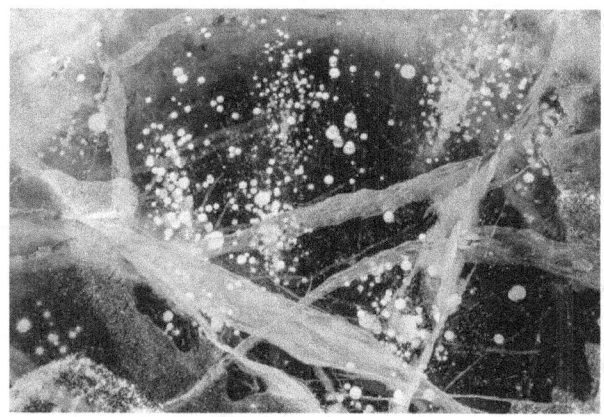

Sbloccare il mistero

Gli scienziati, quindi, non hanno ancora osservato direttamente la materia oscura. Essa non interagisce con la materia ed è completamente invisibile alla luce e ad altre forme di radiazione elettromagnetica;

rendendo la materia oscura impossibile da rilevare con gli strumenti attuali. Ma gli scienziati, come detto, sono fiduciosi che essa esista, a causa degli effetti gravitazionali che sembra avere sulle galassie e sugli ammassi di galassie.

Ad esempio, secondo la fisica standard, le stelle ai bordi di una galassia a spirale in rotazione dovrebbero viaggiare molto più lentamente di quelle vicino al centro galattico, dove è concentrata la materia visibile di una galassia. Ma le osservazioni mostrano che le stelle orbitano più o meno alla stessa velocità indipendentemente da dove si trovino nel disco galattico. Questo risultato sconcertante ha senso se si presume che le stelle di confine stiano percependo gli effetti gravitazionali di una massa invisibile - la materia oscura - in un alone intorno alla galassia.

La materia oscura potrebbe anche spiegare alcune illusioni ottiche che gli astronomi vedono nell'universo profondo. Ad esempio, le immagini di galassie che includono strani anelli e archi di luce potrebbero essere spiegate se la luce proveniente da galassie ancora più lontane venisse distorta e ingrandita da enormi nuvole invisibili di materia oscura in primo piano, un fenomeno noto come *lente gravitazionale;* che vedremo meglio nel seguito.

le ipotesi: le particelle "esotiche"

Gli scienziati hanno anche altre idee su cosa potrebbe essere la materia oscura.

Una delle principali ipotesi è che la materia oscura sia costituita da **particelle esotiche**; definite così, perché non interagiscono con la materia normale o con la luce, ma che esercitano comunque un'attrazione gravitazionale.

Diversi gruppi scientifici, tra cui uno al Large

Hadron Collider (LHC) del CERN, stanno attualmente lavorando per generare particelle di materia oscura da studiare in laboratorio.

Altri scienziati pensano che gli effetti della materia oscura potrebbero essere spiegati modificando fondamentalmente le nostre teorie sulla gravità. Secondo tali idee, **esistono molteplici forme di gravità e la gravità su larga scala che governa le galassie è diversa dalla gravità a cui siamo abituati.**

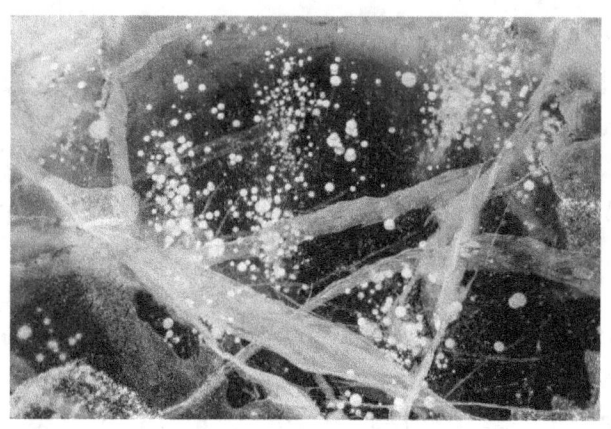

energia oscura, altro grande mistero.

Però c'è qualcosa che non torna. Non importa quanto gli astrofisici scrutino i numeri, l'universo semplicemente non torna.

Anche se la gravità sta spingendo l'universo verso il suo interno nello spazio-tempo; il "tessuto" del cosmo continua ad espandersi verso l'esterno sempre più velocemente.

Per spiegare ciò, gli astrofisici hanno proposto un agente invisibile che contrasta la gravità allontanando lo spazio-tempo. Lo chiamano **energia oscura**. Nel modello più ampiamente accettato di energia oscura, essa è una "costante cosmologica": una proprietà intrinseca dello spazio stesso, che ha una "pressione negativa" che separa lo spazio. Man mano che lo spazio si espande, viene creato più spazio e, con esso, più energia oscura.

Sulla base del tasso di espansione osservato, gli scienziati sanno che la somma di tutta l'energia oscura deve costituire più del 70 percento del contenuto totale dell'universo. Ma nessuno sa esattamente come cercarla.

L'energia oscura è ancora quindi più misteriosa dell'omonima materia, e la sua scoperta negli anni '90 è stata uno shock completo per gli scienziati.

In precedenza, i fisici avevano ipotizzato che la forza di attrazione della gravità avrebbe rallentato l'espansione dell'universo nel tempo. Ma quando due team indipendenti cercarono di misurare il tasso di decelerazione, trovarono che l'espansione stava in realtà accelerando. Uno scienziato paragonò la scoperta a quella del lancio di un mazzo di chiavi in aria, che, invece di cadere e rimanere per terra, rimbalzassero dritte verso il soffitto.

Gli scienziati quindi pensaro che questa

espansione accelerata dell'universo fosse guidata da una sorta di forza repulsiva generata da fluttuazioni quantistiche in uno spazio altrimenti "vuoto". Inoltre, tale forza sembrava diventare più forte man mano che l'universo si espande.

In mancanza di un nome migliore, gli scienziati chiamano questa misteriosa forza **"energia oscura"**.

Ma, a differenza della materia oscura, gli scienziati non hanno una spiegazione plausibile per l'energia oscura. L'unica idea in merito, e neanche tanto originale, è che l'energia oscura sia **la quinta "forza fondamentale"**; quella che anticamente veniva chiamata "quintessenza": una forza che riempie tutto.

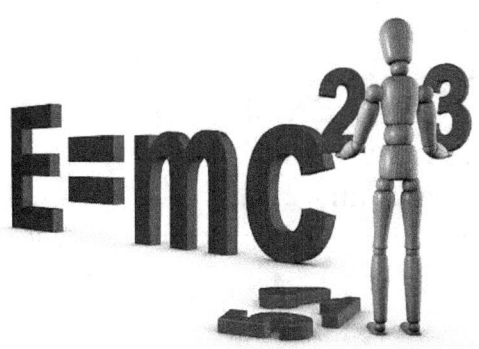

Il più grande errore di Einstein

Molti scienziati hanno sottolineato che le proprietà conosciute dell'energia oscura potrebbero essere coerenti con una **costante cosmologica**; questa venne buffamente definita un **"cerotto matematico"** da Albert Einstein, che la aggiunse alla sua teoria della relatività generale, per adattare le sue equazioni alla nozione di universo statico. Secondo Einstein, la costante sarebbe stata una forza repulsiva che contrasterebbe la gravità, impedendo all'universo di collassare su se stesso.

Einstein in seguito scartò l'idea quando le osservazioni astronomiche rivelarono che l'universo si stava espandendo, definendo la costante cosmologica **il suo "più grande errore"**.

Però, ora che vediamo come l'espansione dell'universo stia accelerando; l'aggiunta di energia oscura come costante cosmologica potrebbe spiegare come lo spazio-tempo viene allungato.

Ma questa spiegazione lascia ancora gli scienziati all'oscuro del motivo per cui la strana

forza esista.

La materia oscura come "pianificatore urbano" del cosmo. Il modello lambda (Λ)

La materia oscura, tra l'altro, deforma gli ammassi di galassie più del previsto; scuotendo la teoria cosmica e gli scienziati che ci hanno lavorato per anni.

Infatti, il modello principale di come è strutturato l'universo afferma che gli ammassi più grandi non dovrebbero essere distorti come invece appaiono attraverso i telescopi.

Come gli umani, le galassie non sopportano di essere sole. Spinte dalla gravità, le galassie tendono a raggrupparsi, e alcune finiscono persino nell'equivalente dell'universo di vivaci megalopoli: ammassi fino a un migliaio di galassie, che complessivamente superano la dimensione del nostro sole un milione di miliardi di volte.

Ma, per tutte le stelle che brillano in questi ammassi, è visibile solo una frazione della massa dell'intera struttura. Per quanto ne sanno gli scienziati, quindi, il vero peso di un ammasso risiede in un materiale che non può essere visto: quella sostanza invisibile e misteriosa che chiamano materia oscura.

Secondo loro, come il cemento e l'asfalto sopra una città, un vasto alone sferico di materia oscura potrebbe avvolgere quindi l'intero ammasso di galassie. E proprio come gli edifici sorgono dalle strade della città, ogni singola galassia sarebbe incorporata nel proprio sottoalone di materia oscura.

Per decenni, gli astronomi hanno cercato di capire come la materia oscura agisca come "pianificatore urbano del cosmo", plasmando la struttura del nostro universo. Ma gli ultimi sguardi suggeriscono che, **qualsiasi cosa sia la materia oscura, non si sta**

comportando come si aspettavano i ricercatori.

In uno studio pubblicato sulla rivista Science , i ricercatori esaminano come 11 giganteschi ammassi di galassie pieghino la luce che li attraversa, visti dalla Terra. Lo studio rileva che questi ammassi ospitano più di 10 volte più sacche dense di materia oscura rispetto a quanto previsto dai modelli di supercomputer.

"Quando si trova un tale tipo di lacuna, molto spesso si rivela che c'è un elemento del modello che deve essere perfezionato", afferma il coautore dello studio Priyamvada Natarajan , astrofisico teorico alla Yale University. "Ma a volte, in realtà molto raramente nella storia della scienza, **il divario mostra effettivamente la via per una nuova teoria.**"

Secondo questo modello, come già abbiamo visto, non più del 5% della materia e dell'energia combinate dell'universo è "materia barionica": il familiare mix di particelle che compone pianeti, stelle, galassie, organismi e tutto ciò che possiamo vedere. La maggior parte dell'universo, circa il 68%, è composta da energia oscura, rappresentata dalla lettera greca lambda (Λ), un'enigmatica forza repulsiva che guida l'espansione accelerata dell'universo. Il restante 27 percento dell'universo è costituito da una sostanza invisibile chiamata appunto "materia oscura".

Secondo il modello, la materia oscura ha massa e può creare campi gravitazionali, ma non reagisce con se stessa, non emette luce e non interagisce prontamente con la materia normale se non attraverso la gravità.

Per mettere alla prova il modello definito Lambda-CDM (CDM sta per Cold Dark Matter, ossia Materia Oscura Fredda; è un modello che riproduce in modo soddisfacente le osservazioni della cosmologia del Big Bang, spiegando in particolare le osservazioni della radiazione cosmica di fondo, della struttura a grande scala dell'universo e delle supernovae che indicano un universo in espansione accelerata), un team internazionale di ricercatori, guidato da Massimo Meneghetti dell'Istituto Nazionale di Astrofisica, che ha coinvolto anche studiosi dell'Università di Bologna, ritiene che nelle attuali "ricette" che descrivono la materia oscura potrebbe mancare qualche ingrediente: nello studio, pubblicato su Science, gli scienziati hanno scoperto un'inaspettata e notevole discrepanza tra le osservazioni e i modelli teorici che predicono come la materia oscura dovrebbe essere distribuita negli ammassi di galassie. **I risultati dell'indagine mostrano che le concentrazioni di materia su piccole scale sono così grandi che gli effetti di lente gravitazionale che producono sono dieci volte più intensi del previsto.**

Il lavoro si basa su osservazioni di alcuni enormi ammassi di galassie effettuate dal telescopio spaziale Hubble della NASA e dal Very Large Telescope (VLT) dell'ESO, in Cile.

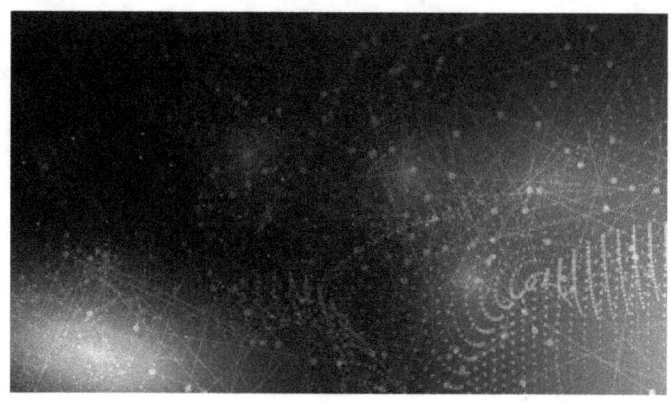

La scoperta implica quindi che potrebbe esserci un ingrediente mancante nella comprensione della materia oscura

"C'è una caratteristica dell'universo reale che semplicemente non stiamo catturando nei nostri attuali modelli teorici", ha detto Natarajan, autore senior dello studio e professore di astronomia e fisica a Yale. "Questo potrebbe segnalare un divario nella nostra attuale comprensione della natura della materia oscura e delle sue proprietà, poiché questi dati ci hanno permesso di sondare la distribuzione dettagliata della materia oscura sulle scale più piccole."

Come sappiamo, gli astronomi sono in grado di "mappare" la distribuzione della materia oscura all'interno degli ammassi di galassie attraverso la flessione della luce che le galassie producono un fenomeno chiamato **"lente gravitazionale"**. Come uno specchio da luna park, la lente gravitazionale distorce le forme delle galassie di sfondo che appaiono nelle immagini del telescopio delle galassie a grappolo. Maggiore è la concentrazione di materia oscura in un ammasso, più accentuati sono gli effetti di lente osservati.

I ricercatori hanno utilizzato le immagini del telescopio spaziale Hubble della NASA, insieme alla spettroscopia del Very Large Telescope dell'European Southern Observatory, per produrre mappe ad alta fedeltà della materia oscura.

Una visione 3D dei dati mostrava la presenza di colline, tumuli e valli di materia oscura. Da questo punto di vista la materia oscura mappata sembra una catena montuosa, con regioni di punta. I picchi sono i mucchietti di materia

oscura associati alle singole galassie a grappolo.

La qualità particolarmente elevata dei dati dello studio ha permesso ai ricercatori di testare se questi paesaggi di materia oscura corrispondevano a simulazioni al computer basate sulla teoria di ammassi di galassie con masse simili, situate all'incirca alle stesse distanze.

Quello che scoprirono fu che le simulazioni non mostravano nessuno degli stessi livelli di concentrazione di materia oscura sulle scale più piccole; le scale associate alle singole galassie a grappolo.

"Per me personalmente, rilevare un divario sensibile, con un fattore di discrepanza di 10 volte, tra un'osservazione e una previsione teorica è molto sorprendente", ha detto Natarajan. "Un obiettivo chiave della mia ricerca è stato testare modelli teorici con il miglioramento della qualità dei dati per trovare queste lacune e cercare di risolverle. Sono questi tipi di lacune e anomalie che hanno spesso rivelato che ci manca qualcosa nella teoria attuale, o ci indica la strada verso un modello nuovo di zecca, che avrà più potere esplicativo".

Natarajan ha trascorso più di un decennio confrontando modelli teorici di materia oscura con dati provenienti dalle lenti gravitazionali. **"La qualità dei dati e la raffinatezza dei modelli sono solo ora convergenti per consentire test di stress del paradigma della materia oscura; e ci ha rivelato una crepa della teoria"**, ha affermato.

Natarajan ha confermato che il team, che comprende ricercatori provenienti da Italia, Paesi Bassi e Danimarca, prevede di continuare a provare le teorie degli stress test sulla natura della materia oscura.

Uno dei più autorevoli collaboratori allo studio è, come scritto in precedenza, Massimo Meneghetti dell'Osservatorio di Astrofisica e Scienze Spaziali di Bologna. Nel prossimo paragrafo vengono illustrati alcuni aspetti dei suoi studi.

Vediamo alcune di queste "lacune":

innanzitutto, c'è più materiale!

Proprio come una palla da tennis, posizionata su una sciarpa tesa, deformerà e allungherà il tessuto, la materia oscura distorce la geometria dello spazio-tempo che la circonda. Oggetti massicci come galassie o ammassi di galassie deformano lo spazio-tempo così tanto che le distorsioni piegano la luce che passa attraverso. Gli astronomi possono vedere da tempo questo effetto, e lo hanno chiamato *lente gravitazionale*.

Quando un oggetto è particolarmente massiccio e denso, la lente gravitazionale che crea può persino dividere la luce. Dal punto di vista di chi guarda nel telescopio, questa anomalia fa apparire l'oggetto circondato da più immagini della stessa sorgente di luce di sfondo.

Orbene, la gravità della materia oscura si aggiunge a questo effetto, e gli ammassi di galassie ci appaiono essere pieni zeppi di materiale. Secondo i migliori modelli, non solo gli ammassi di galassie sono incorporati in vasti aloni sferici di materia oscura, ma anche le singole galassie all'interno di un ammasso hanno dei "sub-aloni" di questa materia.

Quando il team di Meneghetti finì di mappare 11 ammassi di galassie e contò le lenti gravitazionali più piccole, ne trovò più di 10 volte quante se ne aspettava. Questa osservazione suggerisce che i "sub-aloni" della materia oscura siano molto più densi di quanto previsto dalle simulazioni al computer, una scoperta che sembra quindi contraddire la teoria Lambda-CDM.

Modifica della teoria dell'universo

Questa discrepanza non è la prima a sorgere tra le osservazioni dell'universo e la teoria Lambda-CDM. Tuttavia, la nuova scoperta è particolarmente sorprendente perché la mancata corrispondenza è diversa da tutte le altre trovate finora nei test di questo modello.

La struttura delle galassie vicine implica che la materia oscura **sia meno densa in questi luoghi di quanto previsto dalla teoria Lambda-CDM**. Questa nuova osservazione, invece, sconvolge i risultati, richiedendo che la materia oscura degli ammassi di galassie sia invece più densa di quanto suggerito dalla Lambda-CDM.

"Abbiamo trovato un problema che ci conduce esattamente nella direzione opposta a quella da noi prevista", dice Meneghetti.

Cosa potrebbe causare questo nuovo conflitto tra teoria e osservazione?

È possibile che i modelli dei computer non catturino perfettamente come si formino le galassie, o che semplicemente non abbiano la risoluzione per modellare strutture così immense; ma gli autori dello studio affermano di aver tenuto conto di queste potenziali fonti di errore: finora sembra come se la discrepanza sia semplicemente troppo grande per essere spiegata da questi errori.

Parte della sfida è che qualsiasi modifica teorica deve essere altrettanto efficace, quanto la Lambda-CDM, nello spiegare le altre proprietà dell'universo. La teoria sostiene che la materia oscura è "fredda"; ossia che le particelle della materia oscura si muovono abbastanza lentamente. Quella lentezza era essenziale per preservare i calcoli nelle regioni in cui la materia oscura era leggermente più densa della media. Queste regioni si pensa che fossero troppo dense; e che in seguito collassarono sotto la loro stessa gravità; agendo come una sorta di catalizzatore per la materia normale, che si è quindi raggruppata a formare stelle, pianeti e galassie.

Però, sebbene il modello teorico sia ottimo per spiegare sistemi cosmici su larga scala, le sue previsioni non corrispondono altrettanto bene se applicate a strutture che sono inferiori a circa 3,3 milioni di anni luce; la scala di grandi galassie o gruppi di galassie. Infatti gli astronomi tendono a vedere meno bene gli oggetti "piccoli", o regioni meno dense all'interno delle galassie, di quanto previsto dalla Lambda-CDM; anche se le nuove osservazioni hanno trovato regioni più dense di quanto previsto dalla teoria.

I modelli futuri devono spiegare questo

comportamento bifronte della materia oscura su piccola scala. La fisica dell'Università di Durham, Mathilde Jauzac, esperta di lenti gravitazionali (che non è stata coinvolta nello studio), aggiunge che testare ulteriormente il problema diventerà complicato; anche perché gli ammassi di galassie giganti non sono così comuni.

Poiché gli ammassi di galassie giganti sono rari, non si presentano frequentemente nelle simulazioni; quindi, per vederne di più, i modellisti dovranno simulare volumi di spazio molto più grandi; il che richiederà estrapolazioni quanto meno avventurose.

Una volta che gli astrofisici abbiano identificato e risolto un numero abbastanza grande delle contraddizioni nel modello Lambda-CDM, potrebbero essere in grado di trovare un percorso per una nuova teoria che spieghi l'intera storia dell'universo con ancora più precisione: in particolare come il Big Bang abbia innescato una serie di interazioni cosmiche che hanno portato, passo dopo passo, stella per stella, verso il nostro pianeta natale, la Terra e, infine, verso di noi.

Gli scienziati scoprono una Via Lattea 'oscura'

Utilizzando i telescopi più potenti del mondo, un team internazionale di astronomi ha trovato una galassia massiccia che consiste quasi interamente di materia oscura.

La galassia, Dragonfly 44, si trova nella vicina costellazione del Coma ed era stata trascurata fino al 2018 a causa della sua insolita composizione: È un ammasso diffuso delle dimensioni della Via Lattea, ma, apparentemente, con molte meno stelle.

"Analizzando meglio questa scoperta, ci siamo resi conto che questa galassia doveva essere molto di più di quanto sembrasse. Ha infatti così poche stelle che sarebbe stata rapidamente fatta a pezzi a meno che qualcosa non la avesse tenuta insieme", ha affermato Pieter Van Dokkum, astronomo della Yale University. Il team di Van Dokkum è stato in grado di dare un'occhiata approfondita a Dragonfly 44 grazie al W.M. Keck Observatory e al telescopio Gemini North, entrambi alle Hawaii. Gli astronomi, usando le strumentazioni del Keck, hanno lavorato per più di sei notti, per misurare le velocità delle stelle nella galassia in esame.

Hanno quindi usato il telescopio Gemini North di 8 metri per rivelare un alone di ammassi sferici di stelle attorno al nucleo della galassia, simile all'alone che circonda la nostra galassia della Via Lattea.

Le velocità stellari sono un'indicazione della massa della galassa; più velocemente si muovono le stelle, più massa avrà la sua galassia.

"Sorprendentemente, le stelle all'interno di questa galassia, si muovono a velocità di gran lunga superiori al previsto per una galassia così fioca. Il che significa che Dragonfly 44 deve avere un'enorme quantità di massa invisibile", ha sottolineato il co-autore Roberto Abraham dell'Università di Toronto.

La massa di Dragonfly 44 è stimata essere un trilione di volte la massa del nostro Sole, ossia 2 chilogrammi di tredecillione (un 2 seguito da 42 zeri), che è simile alla massa della Via Lattea. Tuttavia, solo un centesimo dell'1% di questo è sotto forma di stelle e materia "normale". L'altro 99,99% è sotto forma di materia oscura!

I ricercatori hanno notano che trovare una galassia composta principalmente da materia oscura non è una novità; in realtà le galassie nane ultra-deboli hanno composizioni simili; ma queste galassie sono circa 10.000 volte meno massicce di Dragonfly 44.

"Non abbiamo idea di come galassie come Dragonfly 44 abbiano potuto formarsi", ha sottolineato Abraham. "I dati fin qui raccolti mostrano che una frazione relativamente grande delle stelle è sotto forma di ammassi molto compatti, e questo è probabilmente un indizio importante. **Ma al momento stiamo solo indovinando.**

Potrebbero esserci le ultime esplosioni, prima che l'universo si oscuri

Se i nuovi calcoli sui resti di stelle simili al sole sono corretti, tutto finirà con una serie di scoppi e poi un piagnucolio.

Il capitolo finale della storia dell'universo potrebbe essere piuttosto cupo. I fisici credono che innumerevoli miliardi di anni da ora, dopo che tutte le stelle si saranno esaurite, l'universo sarà una distesa fredda e oscura dove non succederà nulla di interessante. Man mano che lo spazio stesso si espande e la materia si assottiglia, è disponibile sempre meno energia. Nel corso degli eoni, l'universo si esaurirà semplicemente in uno scenario noto come **morte del calore** .

Ma prima che le luci si spengano definitivamente, potrebbe esserci un ultimo spettacolo di fuochi d'artificio. Gli astronomi ritengono che le stelle compatte note come nane bianche saranno tra gli ultimi oggetti rimasti a persistere in un universo che invecchia. Ora, un documento accettato per la pubblicazione negli avvisi mensili della **Royal Astronomical Society** rileva che queste stelle possono continuare a subire la fusione nucleare a un ritmo incredibilmente lento, portando alla fine a esplosioni simili a quelle di una supernova.

L'idea di far esplodere le nane bianche è una sorpresa, poiché gli scienziati generalmente pensano a queste stelle bruciate "come se tendessero ad un continuo raffreddamento, per sempre", afferma Abigail Polin, astrofisica del California Institute of Technology e dei Carnegie Observatories.

Sulla base del nuovo modello, la prima di queste esplosioni di nane bianche non è prevista per almeno 10^{1100} anni. È un 1 seguito da 1.100 zeri, un numero così grande che non abbiamo un nome per esso. "Se lo scrivi, è solo un'intera pagina di zeri", afferma l'autore dello studio Matt Caplan , astrofisico presso l'Illinois State University. (L'età attuale dell'universo è un misero 13,7 miliardi di anni.)

"È oltre lo scopo di qualsiasi scala temporale a cui pensiamo di solito", concorda Polin. Ma se Caplan ha ragione, queste esplosioni sarebbero gli ultimi grandi eventi astrofisici prima dello scivolamento finale nell'oscurità.

Nane bianche e nane nere

Le stelle bruciano fondendo l'idrogeno in elio nei loro nuclei. Quando una stella media, delle dimensioni del nostro sole, o un po' più pesante, ha esaurito tutto il suo idrogeno, non c'è abbastanza energia per contrastare la gravità della stella e il nucleo inizia a contrarsi, mentre gli strati esterni si espandono drasticamente. Man mano che il nucleo si restringe, le pressioni e le temperature aumentano, consentendo agli elementi più pesanti di fondersi insieme. La stella alla fine perde i suoi strati esterni e, ciò che rimane, forma un oggetto ultra-denso di poche migliaia di chilometri di diametro: una nana bianca.

In un periodo da trilioni a centinaia di trilioni di anni in futuro, alcune nane bianche irradieranno via il calore residuo, e i resti congelati che rimarranno sono oggi chiamati **"nane nere".** Ma anche se le nane nere sono fredde e piccole, consentendo loro di rimanere stabili per immensi periodi di tempo, i calcoli mostrano che la fusione nucleare può ancora avvenire in esse, grazie a un fenomeno noto come **tunneling quantistico.**

"Noi pensiamo in genere alle nane bianche come a degli oggetti morti, totalmente inerti", afferma Marten van Kerkwijk, astrofisico dell'Università di Toronto. Ma è carino pensare che queste stelle morte e silenziose possano invece continuare a fondersi."

Secondo lo scienziato, nel corso di molti trilioni di anni, queste reazioni di fusione super lente produrranno l'elemento pesante ferro. Il processo rilascerà anche positoni, che sono simili agli elettroni ma hanno una carica positiva. Quando questi positroni incontreranno gli elettroni nel nucleo della stella, si annichiliranno a vicenda. Senza quegli elettroni e la pressione che esercitano, la nana bianca stessa non sarà più in grado di vincere il rimorchiatore della gravità. Continuerà a rimpicciolirsi fino a "rimbalzare" verso l'esterno in un'esplosione, simile a quella di una supernova tradizionale.

Ma, di norma, solo le nane bianche più pesanti, quelle con una massa più di circa 1,2 volte quella del sole, possono effettuare una simile esplosione. Anche così, l'esplosione di una nana bianca sarà il destino di circa l'uno per cento delle circa 10^{23} stelle che vediamo oggi.

Se la materia stessa è instabile, tuttavia, i resti stellari come le nane bianche potrebbero non rimanere abbastanza a lungo affinché questo lento processo di fusione abbia luogo. I fisici hanno ipotizzato che gli elementi costitutivi subatomici della materia, chiamati protoni, potrebbero decadere per periodi di tempo enormemente lunghi, da 10^{31} a 10^{36} anni. Se lo faranno, le nane bianche potrebbero evaporare prima che abbiano la possibilità di esplodere.

Mentre la morte per calore è attualmente la teoria più ampiamente accettata su come andrà a finire l'universo, gli astrofisici continuano a discutere una serie di alternative. L'universo potrebbe crollare di nuovo su se stesso, con tutta la materia compressa in un unico punto, che potrebbe poi essere seguito da un altro Big Bang. O forse l'espansione accelerata dell'universo procederà in modo tale da distruggere lo spazio stesso, nel qual caso i singoli atomi alla fine verranno fatti a pezzi.

Le ultime luci nel buio infinito

Uno sguardo verso la Fine dell'Universo.

Quando le nane bianche cominceranno a spuntare fuori in maniera massiccia, l'universo sarà irriconoscibile. Le galassie avranno perso la loro struttura, con i resti delle singole stelle che sfrecciano liberamente nello spazio. È probabile che anche i più grandi buchi neri conosciuti oggi saranno evaporati entro 10^{100} anni, a causa di un processo noto come **radiazione di Hawking**.

L'energia oscura , la forza misteriosa che contrasta la gravità e spinge tutto lontano da tutto il resto, avrà separato tutti gli oggetti rimanenti, comprese le nane bianche, al punto che nessun corpo celeste più sarà in vista di un altro.

Senza stelle che bruciano per produrre calore, è incredibilmente improbabile che qualcosa rimanga in vita a questo punto, ma se ci fosse una creatura del genere, potrebbe vedere solo un'esplosione di nane bianche, perché tutte le altre si verificherebbero al di fuori del suo "orizzonte cosmologico"; la distanza massima oltre la quale è possibile recuperare informazioni di qualsiasi tipo, inclusa la luce.

Anche se un arco di 10^{1100} anni sfida l'immaginazione, questo segna solo l'inizio della fine: quando le nane bianche più pesanti esploderanno. Andiamo più avanti nel tempo: i corpi più leggeri impiegheranno più tempo, fino a circa $10^{32.000}$ anni per estinguersi, secondo i calcoli del fisico Caplan. La morte per calore dell'universo non può essere comunque fermata. Le stelle nane bianche che esplodono potrebbero essere l'ultimo evviva del cosmo.

"Dopodiché, l'universo sarà freddo, buio e triste per sempre", dice Caplan. "A meno che non ci sia una nuova fisica che non abbiamo ancora scoperto".

I misteri dei buchi neri

I buchi neri sono gli oggetti più strani e affascinanti dello spazio. Sono estremamente densi, con un'attrazione gravitazionale così forte che anche la luce non può sfuggire alla loro presa, se si avvicina abbastanza.

Albert Einstein predisse per la prima volta l'esistenza dei buchi neri nel 1916, con la sua teoria della relatività generale. Il termine "buco nero" fu coniato molti anni dopo, nel 1967, dall'astronomo americano John Wheeler. Dopo decenni di buchi neri conosciuti solo come oggetti teorici, il primo buco nero fisico mai scoperto è stato individuato nel 1971.

Nel 2019 il contributo dell' Event Horizon Telescope (EHT) ha rilasciato la prima immagine mai registrata di un buco nero . L'EHT ha visto un buco nero al centro della galassia M87 mentre il telescopio stava esaminando **l'orizzonte degli eventi**, ovvero l'area oltre la quale nulla può sfuggire da un buco nero. L'immagine mappa l'improvvisa perdita di fotoni (particelle di luce). Apre anche una nuova area di ricerca sui buchi neri, ora che gli astronomi sanno che aspetto ha un buco nero.

Finora, gli astronomi hanno identificato tre tipi di buchi neri: buchi neri stellari, buchi neri supermassicci e buchi neri intermedi. Vediamoli.

Buchi neri stellari: piccoli ma voraci

Quando una stella brucia l'ultimo residuo di carburante, l'oggetto può collassare o cadere su se stesso. Per le stelle più piccole (quelle fino a circa tre volte la massa del sole), il nuovo nucleo diventerà una stella di neutroni o una nana bianca. Ma quando una stella più grande collassa, continua a comprimersi e crea un buco nero stellare.

I buchi neri formati dal collasso di singole stelle sono relativamente piccoli, ma incredibilmente densi. Uno di questi oggetti racchiude più di tre volte la massa del nostro sole nel diametro di una città. Ciò porta a una quantità folle di forza gravitazionale che attira altri oggetti intorno all'oggetto iniziale. I buchi neri stellari consumano quindi la polvere e il gas dalle galassie circostanti; il che li fa crescere di dimensioni.

Secondo l' Harvard-Smithsonian Center for Astrophysics, "la Via Lattea contiene poche centinaia di milioni di questi buchi neri stellari".

Buchi neri supermassicci: la nascita dei giganti

I piccoli buchi neri popolano l'universo, ma i loro cugini, buchi neri supermassicci, dominano. Questi enormi buchi neri sono milioni o addirittura miliardi di volte più massicci del Sole, ma hanno circa le stesse dimensioni di diametro. Si pensa che tali buchi neri si trovino al centro di quasi tutte le galassie, compresa la Via Lattea.

Gli scienziati non sono sicuri di come si generino buchi neri così grandi. Una volta che questi giganti si formano, raccolgono massa dalla polvere e dal gas intorno a loro, materiale che è abbondante al centro delle galassie, consentendo loro di crescere fino a dimensioni ancora più elevate.

I buchi neri supermassicci possono essere il risultato di centinaia o migliaia di minuscoli buchi neri che si fondono insieme. Anche le grandi nubi di gas potrebbero esserne responsabili; collassando insieme e accumulando rapidamente massa. Una terza opzione è che siano il risultato del collasso di un ammasso stellare: un gruppo di stelle che cadono tutte insieme. In quarto luogo, i buchi neri supermassicci potrebbero sorgere da grandi ammassi di materia oscura. Questa è una sostanza che possiamo osservare attraverso il suo effetto gravitazionale su altri oggetti; tuttavia, non sappiamo di cosa sia composta la materia oscura perché non emette luce e non può essere osservata direttamente.

Buchi neri intermedi - bloccati nel mezzo

Una volta gli scienziati pensavano che i buchi neri fossero di dimensioni piccole e grandi, ma una ricerca recente ha rivelato la possibilità che possano esisterne di media grandezza o intermedi (IMBH).

Tali corpi potrebbero formarsi quando le stelle in un ammasso si scontrano in una reazione a catena. Molti di questi IMBH che si formano nella stessa regione potrebbero poi cadere insieme al centro di una galassia e creare un buco nero supermassiccio.

Nel 2014, gli astronomi hanno scoperto quello che sembrava essere un buco nero di massa intermedia nel braccio di una galassia a spirale.

"Gli astronomi hanno cercato molto attentamente questi buchi neri di medie dimensioni", ha detto l'autore dello studio, Tim Roberts, dell'Università di Durham nel Regno Unito . "Ci sono stati da tempo accenni che questi buchi neri esistessero, ma gli IMBH si sono sempre comportati come un parente perduto da tempo, che non è interessato ad essere trovato".

Una ricerca più recente, del 2018, ha suggerito che questi IMBH potrebbero esistere nel cuore delle galassie nane (o galassie molto piccole). Le osservazioni di 10 di queste galassie (cinque delle quali erano precedentemente sconosciute alla scienza prima di questo ultimo sondaggio) hanno rivelato l'attività di raggi X - comune nei buchi neri - suggerendo la presenza di buchi neri da 36.000 a 316.000 masse solari. Le informazioni provengono dallo Sloan Digital Sky Survey, che esamina continuamente circa 1 milione di galassie, e può rilevare il tipo di luce osservato proveniente dai buchi neri che stanno raccogliendo detriti nelle loro vicinanze.

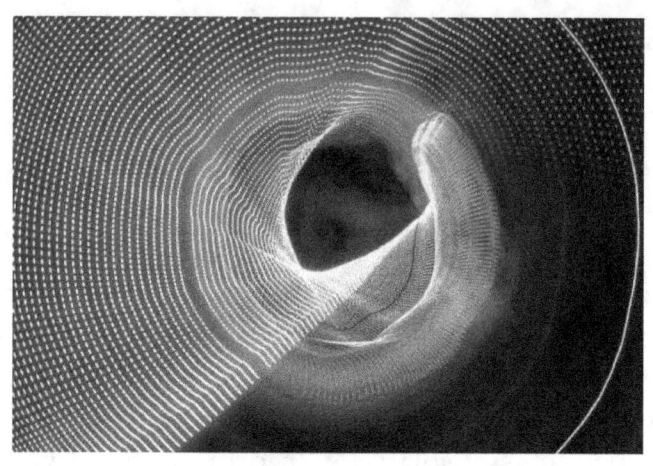

che aspetto hanno i buchi neri?

I buchi neri hanno tre "strati": l'orizzonte degli eventi esterno e interno, e la singolarità.

L'orizzonte degli eventi di un buco nero è il confine attorno alla bocca del buco nero, oltre il quale la luce non può sfuggire. Una volta che una particella attraversa l'orizzonte degli eventi, non può andarsene. La gravità è costante nell'orizzonte degli eventi.

La regione interna di un buco nero, dove si trova

la massa dell'oggetto, è conosciuta come la sua singolarità, l'unico punto nello spazio-tempo in cui è concentrata la massa del buco nero.

Gli scienziati non possono vedere i buchi neri nel modo in cui possono vedere le stelle e altri oggetti nello spazio; devono fare affidamento sulla rilevazione della radiazione che i buchi neri emettono quando polvere e gas vengono aspirati nelle zone dense. Ma i buchi neri supermassicci, che si trovano al centro di una galassia, possono essere avvolti dalla spessa polvere e dal gas che li circonda, il che può bloccare queste emissioni rivelatrici.

A volte, quando la materia viene attratta verso un buco nero, rimbalza sull'orizzonte degli eventi e viene lanciata verso l'esterno, invece di essere trascinata nelle sue fauci. Vengono quindi generati getti luminosi di materiale che viaggiano a velocità quasi relativistiche. Sebbene il buco nero rimanga invisibile, questi potenti getti possono essere visti da grandi distanze.

L'immagine di un buco nero in M87 da parte dell'Event Horizon Telescope (rilasciata nel 2019) è stata uno sforzo straordinario, che ha richiesto due anni di ricerca anche dopo che le immagini sono state scattate. Questo perché la collaborazione dei telescopi, che si estende su molti osservatori in tutto il mondo, produce un'incredibile quantità di dati che è troppo grande per essere trasferita tramite Internet; e quindi deve essere trasmessa anche per via manuale.

Con il tempo, i ricercatori si aspettano di "visualizzare" altri buchi neri e creare un archivio di come essi appaiano. Il prossimo obiettivo è probabilmente il Sagittario A*, che è il buco nero al centro della nostra galassia, la Via Lattea. Il Sagittario A* è sorprendente perché, secondo uno studio del 2019, è più silenzioso del previsto; il che potrebbe essere dovuto ai campi magnetici che ne soffocano l'attività. Un altro studio ha mostrato che un alone di gas freddo circonda il Sagittario A* , che fornisce una visione senza precedenti di come appaia l'ambiente intorno a un buco nero.

Luce splendente sui buchi neri binari

Nel 2015, gli astronomi che hanno utilizzato il Laser Interferometer Gravitational-Wave Observatory (LIGO) hanno rilevato onde gravitazionali dalla fusione di buchi neri stellari.

David Shoemaker, il portavoce della LIGO Scientific Collaboration (LSC), disse in una dichiarazione: "Abbiamo un'ulteriore conferma dell'esistenza di buchi neri binari di massa stellare maggiore di 20 masse solari; questi sono oggetti che non sapevamo esistessero prima che LIGO li rilevasse". Le osservazioni di LIGO forniscono anche informazioni sulla direzione in cui ruota un buco nero. Quando due buchi neri si avvolgono a spirale, possono ruotare nella stessa direzione o nella direzione opposta".

Ci sono due teorie su come si formano i buchi neri binari. La prima suggerisce che i due buchi neri in una forma binaria si formino all'incirca nello stesso istante, da due stelle che sono nate insieme e sono morte in modo esplosivo all'incirca nello stesso momento. Le stelle compagne avrebbero avuto lo stesso orientamento di rotazione l'una rispetto all'altra, e quindi lo stesso verso di rotazione sarebbe stato mantenuto anche dai due buchi neri rimasti.

Nel secondo modello, i buchi neri presenti in un ammasso stellare affondano al centro dell'ammasso e si accoppiano. Questi compagni avrebbero orientamenti di rotazione casuali l'uno rispetto all'altro. Le osservazioni di LIGO sui buchi neri "compagni" con diversi orientamenti di spin forniscono prove molto forti circa questa teoria della formazione.

"Stiamo iniziando a raccogliere statistiche reali sui sistemi di buchi neri binari", ha detto la scienziata del LIGO, Keita Kawabe del Caltech, che ha sede presso il LIGO Hanford Observatory. "Questo fatto è interessante perché già oggi alcuni modelli di formazione binaria di buchi neri, sono in qualche modo favoriti rispetto ad altri, e in futuro, possiamo restringere ulteriormente questo campo".

Fatti strani sui buchi neri

- Se tu cadessi in un buco nero, la teoria ha a lungo suggerito che la gravità ti farebbe allungare come uno spaghetto; e comunque la tua morte sarebbe arrivata molto prima di raggiungere la singolarità. Ma uno studio del 2012 pubblicato sulla rivista "Nature" ha suggerito invece che gli effetti quantistici farebbero sì che l'orizzonte degli eventi si comporti in modo molto simile a un muro di fuoco, che ti brucerebbe istantaneamente.

- I buchi neri non "risucchiano". L'aspirazione, se si verificasse, dovrebbe essere causata dal trascinamento di qualcosa nel vuoto, cosa che il massiccio buco nero sicuramente non fa. Invece, gli oggetti cadono semplicemente dentro di loro, proprio come cadono verso qualsiasi cosa che eserciti gravità, come fa la Terra.

- Il primo oggetto considerato un buco nero è Cygnus X-1. Cygnus X-1 fu oggetto di una scommessa amichevole del 1974 tra Stephen Hawking e il collega fisico Kip Thorne , con Hawking che scommise che la fonte esaminata non fosse un buco nero. Nel 1990, Hawking ammise la sconfitta.

- Buchi neri in miniatura potrebbero essersi formati subito dopo il Big Bang. Lo spazio in rapida espansione potrebbe aver compresso alcune regioni in piccoli buchi neri densi meno massicci del sole.

- Se una stella passa troppo vicino a un buco nero, può essere lacerata .

- Gli astronomi stimano che la Via Lattea abbia da 10 milioni a 1 miliardo di buchi neri stellari, con masse circa tre volte quella del sole.

Il "paradosso dell'informazione"

Cosa succede alle informazioni di un oggetto se cade in un buco nero ?

Secondo le teorie attuali, se dovessi far cadere, ad esempio, un cubo di ferro in un buco nero, non ci sarebbe modo di recuperare nessuna informazione. Questo perché la gravità di un buco nero è così forte, che la velocità di fuga fuori da esso sarebbe più veloce della luce; e la luce è la cosa più veloce che ci sia.

Tuttavia, la meccanica quantistica afferma che le informazioni quantistiche non possono essere distrutte. "Se annulli queste informazioni in qualche modo, qualcosa va in tilt", afferma Robert McNees, professore associato di fisica alla Loyola University di Chicago.

Le informazioni quantistiche sono un po' diverse dalle informazioni che memorizziamo come 1 e 0 su un computer, o dalle cose che il nostro cervello memorizza. Questo perché le teorie quantistiche non forniscono informazioni esatte, ad esempio, su dove sarà un oggetto, o come calcolare la traiettoria di una palla da tennis in meccanica. Tali teorie rivelano la posizione più probabile o il risultato più probabile di un'azione. La teoria quantistica è, però, anche chiamata "unitaria". Se sai come finisce un sistema, puoi calcolare come è iniziato.

Per descrivere un buco nero, pertanto, tutto ciò di cui hai bisogno è massa, momento angolare (se sta ruotando) e carica. Nulla esce da un buco nero tranne un lento rivolo di radiazione termica chiamata radiazione di Hawking. Per quanto definito oggi dai fisici, non c'è modo di fare del calcolo inverso per capire cosa ha effettivamente inghiottito il buco nero. Le informazioni vengono distrutte. Però, la teoria quantistica afferma che le informazioni non possono essere completamente fuori portata.

E qui sta il "paradosso dell'informazione ".

Il fisico McNees ha detto che è stato fatto molto lavoro sull'argomento; in particolare da parte di Stephen Hawking e di Stephen Perry, che hanno suggerito nel 2015 che, piuttosto che essere immagazzinate nelle grinfie profonde di un buco nero, le informazioni rimangano sul suo confine, sull'orizzonte degli eventi. Molti altri hanno tentato di risolvere il paradosso; ma finora, i fisici non sono d'accordo sulla spiegazione; e probabilmente non saranno d'accordo per ancora un po' di tempo.

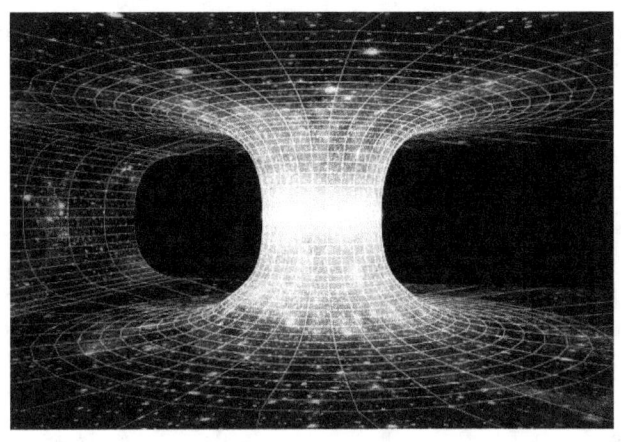

Se viaggi attraverso un buco nero, dove vai a finire?

Eccoti qui, in procinto di saltare in un buco nero. Cosa potrebbe aspettarti se, contro ogni previsione, tu dovessi sopravvivere in qualche modo? Dove finiresti e quali storie interessanti potresti raccontare se riuscissi a risalire dall'abisso?

La semplice risposta a tutte queste domande è, come spiega il professor Richard Massey, "Chi lo sa?".

In qualità di ricercatore della Royal Society presso l'Institute for Computational Cosmology dell'Università di Durham, Massey è pienamente consapevole che i misteri dei buchi neri sono profondi. "Cadere attraverso un orizzonte degli eventi significa letteralmente **passare oltre il velo cognitivo**; una volta che qualcuno lo superi, non potrà mai inviare un messaggio".

C'era da aspettarselo. Come sappiamo, da quando si è ritenuto che la teoria della relatività generale di Albert Einstein abbia predetto i buchi neri collegando lo spazio-tempo con l'azione della gravità, è noto che i buchi neri derivano dalla morte di una stella massiccia che lascia dietro di sé un nucleo piccolo e denso residuo. Supponendo che questo nucleo abbia più di circa tre volte la massa del sole, la gravità sarebbe sopraffatta a tal punto da ricadere su se stessa in un unico punto, o singolarità, inteso come il nucleo infinitamente denso del buco nero.

Il risultante buco nero inabitabile avrebbe un'attrazione gravitazionale così potente che nemmeno la luce potrebbe evitarlo. Quindi, se dovessi trovarti all'orizzonte degli eventi; il punto in cui luce e materia possono solo passare verso l'interno, non c'è scampo. L'idea che tu possa sbucare da qualche parte; o mGri dall'altra parte; sembra assolutamente e assurdamente fantastica. Con buona pace di coloro i quali sognano i viaggi

interstellari; come si sottolinea nel prossimo
paragrafo.

E se fossero
wormhole?

Nel corso degli anni gli scienziati hanno esaminato la possibilità che i buchi neri possano essere wormhole (buco di verme) per altre galassie. Magari un percorso verso un altro universo.

Un'idea del genere circola da tempo: Einstein ha collaborato, nel 1935, con Nathan Rosen per teorizzare ponti che collegano due diversi punti dello spazio-tempo. Ma questa teoria ha guadagnato terreno solo negli anni '80, quando il fisico Kip Thorne, uno dei maggiori esperti sulle implicazioni astrofisiche della teoria della relatività generale di Einstein, ha sollevato una discussione sulla possibilità che degli oggetti possano attraversare fisicamente i buchi neri.

"Leggere il popolare libro di Kip Thorne sui wormhole è ciò che mi ha entusiasmato circa la fisica fin da bambino - afferma Massey - ma non sembra probabile che esistano wormhole."

Infatti, Thorne, che ha prestato la sua consulenza di esperto al team di produzione del film di Hollywood Interstellar, ha scritto: "Non vediamo oggetti nel nostro universo che potrebbero diventare wormhole con l'età". horne ha confermato che i viaggi attraverso questi tunnel teorici rimarranno molto probabilmente fantascienza, e non ci sono certamente prove certe che un buco nero possa consentire un tale passaggio.

Il problema è che non possiamo avvicinarci per vedere di persona. Non possiamo nemmeno scattare fotografie di tutto ciò che accade all'interno di un buco nero; se la luce non può sfuggire alla loro immensa gravità, allora nessuna immagine può essere scattata da una macchina fotografica. Allo stato attuale, la teoria suggerisce che tutto ciò che va oltre l'orizzonte degli eventi viene semplicemente aggiunto al buco nero e, per di più, poiché il tempo si distorce vicino a questo confine, questo sembrerà avvenire in modo incredibilmente lento; quindi le risposte che potremmo avere non saranno comunque rapide.

"Penso che la storia vera sia che i buchi neri portano alla fine dei tempi", ha detto Douglas Finkbeiner, professore di astronomia e fisica all'Università di Harvard. "Un osservatore lontano non vedrà un proprio amico astronauta cadere nel buco nero. Diventeranno solo più rossi e più fiochi man mano che si avvicinano all'orizzonte degli eventi [a causa dello spostamento gravitazionale verso il rosso]. Ma l'amico cade proprio dentro, a un luogo che esiste oltre il "per sempre". Qualsiasi cosa questo significhi."

Ma forse un buco nero porta a un buco bianco, e funge da "portale"

Certamente, se i buchi neri conducessero a un'altra parte di una galassia o di un altro universo, ci dovrebbe essere qualcosa di opposto a loro dall'altra parte. Potrebbe essere un buco bianco; una teoria avanzata dal cosmologo russo Igor Novikov nel 1964. Novikov ha proposto che un buco nero si potrebbe collegare a un buco bianco che "esiste nel passato".

A differenza di un buco nero, un buco bianco consente alla luce e alla materia di uscire, ma non di entrare.

Gli scienziati hanno continuato a esplorare la potenziale connessione tra buchi neri e bianchi. Nel loro studio del 2014 pubblicato sulla rivista Physical Review D, i fisici Carlo Rovelli e Hal M. Haggard hanno affermato che "esiste una metrica classica che soddisfa le equazioni di Einstein al di fuori di una regione spazio-temporale finita in cui la materia collassa in un buco nero e poi emerge da un altro buco.

In altre parole, tutto il materiale che i buchi neri hanno ingerito potrebbe essere vomitato fuori, e i buchi neri potrebbero diventare buchi bianchi quando muoiono. Lungi dal distruggere le informazioni che assorbe, il collasso di un buco nero verrebbe in questo modo fermato: sperimenterebbe un rimbalzo quantico, consentendo alle informazioni di sfuggire.

In tal caso, si farebbe luce su una proposta del famoso cosmologo e fisico teorico dell'Università di Cambridge, Stephen Hawking che, negli anni '70, ha esplorato la possibilità che i buchi neri emettano particelle e radiazioni - calore termico - come risultato delle fluttuazioni quantistiche.

"Hawking ha detto che un buco nero non dura per sempre", ha affermato Finkbeiner. Hawking ha calcolato che la radiazione avrebbe causato che un buco nero perda energia , si riduca e scompaia; come evidenziato nel suo articolo pubblicato nel 1976 su Physical Review D" .

Data l'affermazione di Hawking, che la radiazione emessa sarebbe stata casuale e non avrebbe contenuto informazioni su ciò in cui era accaduto, il buco nero, alla sua esplosione, in realtà, però, cancellerebbe una grande quantità di informazioni.

Ciò significa, però, che l'idea di Hawking sarebbe in contrasto con la teoria quantistica, che afferma che le informazioni non possono essere distrutte. **In realtà la fisica afferma che le informazioni diventano più difficili da trovare perché, se dovessero perdersi, diventa impossibile ritrovarle, perché irriconoscibili.**

L'idea di Hawking ha, come si sa, portato al "paradosso dell'informazione del buco nero", che ha a lungo perplesso gli scienziati. Alcuni hanno anche detto che Hawking si era semplicemente sbagliato, ed egli stesso ha persino dichiarato di aver commesso un errore sul tema durante una conferenza scientifica a Dublino nel 2004.

Quindi, torniamo al concetto di buchi neri che emettono informazioni conservate spingendole attraverso un buco bianco?

Può essere. Nel loro studio del 2013 pubblicato su Physical Review Letters, Jorge Pullin presso la Louisiana State University e Rodolfo Gambini presso l'Università della Repubblica a Montevideo, Uruguay, hanno applicato la cosiddetta teoria della **gravità quantistica a loop** a un buco nero, e hanno scoperto che la gravità è aumentata verso il nucleo ma ridotta e poi aumentata all'esterno, spingendo qualunque cosa stesse entrando in un'altra regione dell'universo. **I risultati hanno dato quindi ulteriore credito all'idea che i buchi neri fungano da portale.** In questo studio, la singolarità non esiste e quindi non forma una barriera impenetrabile che finisce per schiacciare qualunque cosa incontri. Significa anche che le informazioni non scompaiono.

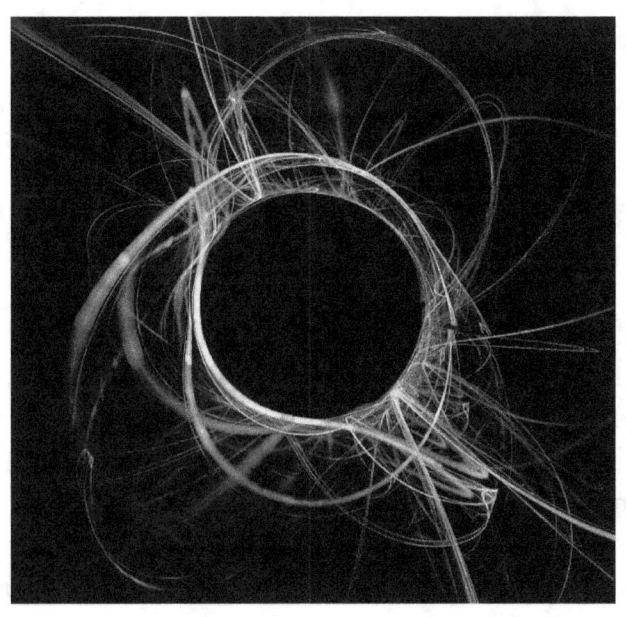

Ma forse i buchi neri non portano da nessuna parte

Eppure i fisici Ahmed Almheiri, Donald Marolf, Joseph Polchinski e James Sully credevano ancora che Hawking potesse aver capito qualcosa.

Essi avevano lavorato su una teoria che divenne nota come **"firewall AMPS", o ipotesi del firewall del buco nero.** Secondo i loro calcoli, la meccanica

235

quantistica potrebbe trasformare l'orizzonte degli eventi in un gigantesco muro di fuoco; e qualsiasi cosa entrasse in semplice contatto esso brucerebbe all'istante. In questo senso, i buchi neri non porterebbero da nessuna parte perché niente potrebbe mai entrare.

Ciò, tuttavia, vìola la teoria della relatività generale di Einstein. Qualsiasi cosa attraversasse l'orizzonte degli eventi in realtà non dovrebbe provare grandi difficoltà, perché un oggetto sarebbe in caduta libera e, in base al principio di equivalenza, quell'oggetto - o persona - non sentirebbe gli effetti estremi della gravità. Potrebbe seguire le leggi della fisica presenti altrove nell'universo.

Ma anche se non andasse contro il principio di Einstein, minerebbe comunque la teoria quantistica dei campi; perché suggerirebbe che le informazioni possano essere perse.

Il buco nero
dell'incertezza

Ancora una volta Hawking.

Nel 2014, ha pubblicato uno studio in cui ha messo in dubbio l'esistenza di un orizzonte degli eventi in cui qualcosa possa "bruciare": "**non c'è niente da bruciare; il collasso gravitazionale produrrebbe invece un "orizzonte apparente"**.

Questo orizzonte, secondo Hawking, sospenderebbe i raggi di luce che tentano di allontanarsi dal nucleo del buco nero e persisterebbe per un "periodo di tempo solamente". Nel suo ripensamento, quindi, gli orizzonti apparenti **trattengono temporaneamente** la materia e l'energia prima di dissolversi e rilasciarli successivamente lungo la linea dell'orizzonte. Questa spiegazione si adatta meglio alla teoria quantistica - che dice che le informazioni non possono essere distrutte - e, se mai venisse dimostrata, suggerisce che qualsiasi cosa potrebbe sfuggire poi da un buco nero.

Hawking è arrivato al punto di dire che i buchi neri potrebbero anche non esistere in se stessi. "**I buchi neri potrebbero essere ridefiniti come stati metastabili del campo gravitazionale**", ha scritto. Non ci sarebbe singolarità, e il campo apparente si sposterebbe verso l'interno a causa della gravità; non raggiungerebbe mai il centro e si consoliderebbe all'interno di una massa densa.

E tuttavia tutto ciò che potrebbe essere riemesso, non sarà sotto forma di informazioni inghiottite. Sarebbe infatti impossibile capire cosa è entrato guardando ciò che sta uscendo.

Una cosa è certa, questo particolare mistero assorbirà molti scienziati per molto tempo a venire. I fisici Rovelli e Vidotto hanno recentemente suggerito che un componente della materia oscura potrebbe essere formato da resti di **buchi neri evaporati**, e un documento di Hawking sui buchi neri, pubblicato nel 2018, descrive come particelle a energia zero possano essere rilasciate intorno al punto di non ritorno, l'orizzonte degli eventi. Un'idea che suggerisce che le informazioni non vengano perse ma, piuttosto, catturate.

Esistono "singolarità nude"?

Una singolarità si verifica quando una proprietà di una "cosa" è infinita, per cui le leggi della fisica così come le conosciamo vengono meno.

Al centro dei buchi neri c'è un punto che è infinitamente denso; un punto quindi chiamato singolarità. In matematica le singolarità emergono continuamente: sono quelle che sono "divise per zero"; un buon esempio è una linea verticale su un piano di coordinate: essa ha una pendenza "infinita". In effetti, la pendenza di una linea verticale è semplicemente indefinita. Ma come sarebbe veramente una singolarità in fisica? E come interagirebbe con il resto dell'universo? Cosa significa dire che qualcosa non ha una superficie reale ed è infinitamente piccolo?

Una singolarità "nuda" è quella che può interagire con il resto dell'universo. I buchi neri hanno orizzonti degli eventi - regioni sferiche da cui nulla, nemmeno la luce, può sfuggire. A prima vista, potresti pensare che il problema delle singolarità nude sia in parte risolto almeno per i buchi neri, poiché nulla può uscire dall'orizzonte degli eventi e la singolarità non può influenzare il resto dell'universo. (È "vestito", per così dire; mentre una singolarità nuda è un buco nero senza un orizzonte degli eventi.).

Ma se le singolarità possano formarsi senza un orizzonte degli eventi è ancora una questione aperta. E se possono esistere, allora la teoria della relatività generale di Albert Einstein avrà bisogno di una revisione, perché si rompe quando i sistemi sono troppo vicini a una singolarità.

La misteriosa sparizione di una enorme stella

Gli astronomi della NASA affermano che una stella massiccia sembra essere misteriosamente scomparsa da una galassia lontana; all'incirca all'inizio del 2020.

La stella fa parte della galassia Kinman Dwarf, nota anche come PHL 293B. La galassia è a circa 75 milioni di anni luce dalla Terra. Si trova nella costellazione dell'Acquario. Una costellazione, come sappiamo, è "un gruppo di stelle con una forma particolare nel cielo".

Le immagini della galassia Kinman Dwarf sono state catturate in passato da una telecamera collegata al telescopio spaziale Hubble della NASA . Ma poiché la galassia è molto lontana, i ricercatori non sono stati in grado di osservare chiaramente le sue singole stelle.

Gli astronomi, tuttavia, avevano identificato nella galassia una importante "firma astrale"; ossia segni caratteristici, dell'esistenza di una stella massiccia. Ora stanno cercando risposte sul motivo per cui questa "firma" non si veda più.

Anche un team di scienziati dell'European Southern Observatory ha riferito di aver osservato questa stella con il suo Very Large Telescope, VLT, per almeno 10 anni. (L'osservatorio, con sede in Cile, fornisce supporto astronomico anche ai paesi europei).

Il team ha affermato che le sue osservazioni hanno ripetutamente dimostrato che la galassia Kinman Dwarf conteneva una stella massiccia, stimata circa 2,5 milioni di volte più luminosa del nostro sole.

I ricercatori hanno detto che le prove suggerivano che la stella fosse "in una fase avanzata della sua evoluzione ". Hanno aggiunto che la stella era un tipo considerato "instabile". Ciò significa che avrebbe potuto subire importanti cambiamenti di luminosità o perdere parte della sua massa.

Il leader del progetto era Andrew Allan, uno studente di dottorato in astrofisica al Trinity College di Dublino in Irlanda, che ha condotto uno studio sui risultati; i quali sono stati recentemente pubblicati sul Monthly Notice della Royal Astronomical Society .

Allan ha detto che i ricercatori volevano saperne di più su come le stelle massicce terminano la loro vita; e l'enorme corpo celeste osservato nella galassia Kinman Dwarf sembrava il bersaglio perfetto.

Ma quando gli astronomi hanno rivolto il Very Large Telescope verso la lontana galassia, nel 2019, non sono stati più in grado di trovare alcuna traccia della stella massiccia. "Siamo rimasti sorpresi che la stella fosse scomparsa", ha dichiarato Allan.

Stelle simili, che subiscono grandi cambiamenti, di solito producono anche alcune "firme" dei loro cambiamenti. Quindi il team ha provato a cercare più volte la stella persa, utilizzando attrezzature diverse, ma senza successo; e questo sarebbe molto insolito; perché una stella così massiccia non scompare senza produrre una brillante esplosione di supernova.

Gli astronomi stanno ora esplorando due possibilità. La prima è che la stella potrebbe essere diventata meno luminosa e potrebbe essere parzialmente bloccata dalla polvere cosmica. L'altra possibilità è che sia collassata in un buco nero senza produrre una supernova.

Ma, se la stella collassasse in un buco nero, sarebbe anche questa una fine molto insolita, hanno detto i ricercatori dell'European Southern Observatory (ESO). "Sarebbe un evento raro: la nostra attuale comprensione di come muoiono stelle massicce indica che la maggior parte di loro finisce la propria vita in una supernova". Gli astronomi intendono continuare a osservare la galassia in cerca di segni della misteriosa stella mancante.

"Probabilmente dovremo aspettare qualche anno prima di confermare quale sia stato il destino di questa particolare stella" - affermano gli astrofisici di Hubble - osserveremo di nuovo la galassia con il telescopio spaziale il prossimo anno". E anche l'ESO prevede di lanciare apparecchiature per la sua osservazione con il suo Extremely Large Telescope; operativo entro il 2025. Quel telescopio dovrebbe essere "in grado di risolvere problemi circa stelle in galassie lontane come il Kinman Dwarf", afferma la dichiarazione di ESO. La nuova attrezzatura potrebbe anche aiutare gli astronomi a risolvere molti altri misteri nel futuro.

Il sole è un "mistero ardente", che potrebbe cambiare.

Il lancio storico del nuovo European Solar Orbiter aiuterà a comprendere I misteri della nostra stella più vicina.

Anche se la nostra stella di casa brucia ogni giorno nei nostri cieli, gli esseri umani hanno visto il sole solo da una prospettiva del piano dei pianeti. Il Solar Orbiter dell'Agenzia spaziale europea, o SolO, sta per completarne la visione; poiché è progettato per eseguire una ricognizione dettagliata del sole che gli consentirà di vedere, ad esempio, anche le regioni polari precedentemente invisibili.

Da questo punto di vista unico, la suite di 10 strumenti di SolO aiuterà a scoprire **come la stella invia flussi di particelle energetiche chiamate vento solare attraverso il nostro sistema planetario. Aiuterà anche a rispondere a ciò che controlla il ciclo magnetico di 11 anni del sole, che varia di intensità e crea fluttuazioni impreviste nell'attività solare.**

"Fondamentalmente non capiamo questo fatto", afferma Daniel Müller, scienziato del progetto SolO. "Si spera di colmare questa lacuna con Solar Orbiter."

Districare questi problemi non è semplicemente una questione accademica; può servire a migliorare la sicurezza pubblica sulla Terra. Perché ci aiuterà a capire i cambiamenti di attività magnetica del sole, che possono mettere fuori combattimento le reti elettriche, abbattere i satelliti e rivelarsi letali per gli esseri umani nello spazio. In questo momento, gli esseri umani non sono bravi nel prevedere quando o quanto fortemente questi fenomeni solari influenzeranno il pianeta.

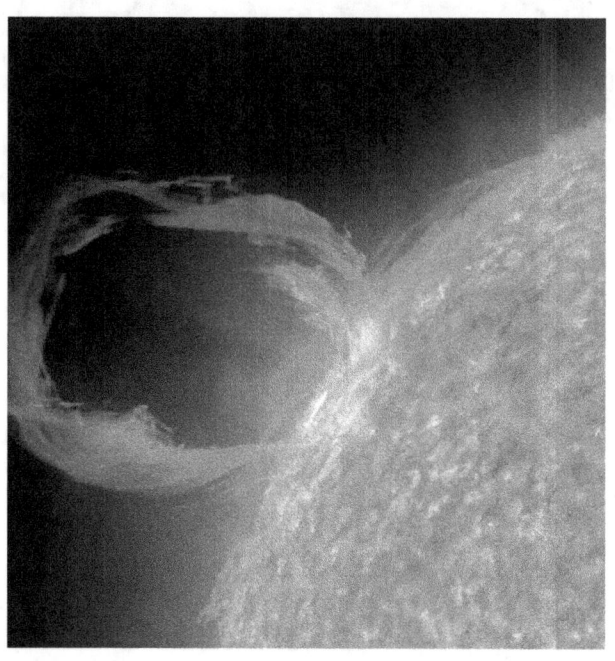

Epoca d'oro per lo studio del sole

Lo studio del sole è molto alla moda.

A fine 2019 la base "Daniel K. Inouye Solar Telescope", o DKIST, ha rilasciato un sorprendente primo piano dell'analisi della superficie solare. In forma di film; quelle immagini rivelano che la "pelle" del sole è una superficie a chiazze che gorgoglia lentamente, con plasmacellule delle dimensioni della Svizzera.

Nello stesso periodo è stata rilasciata la sonda solare Parker della NASA, con osservazioni raccolte in un' orbita estremamente vicina al sole. Contemporaneamente, un numero speciale di *The Astrophysical Journal* ha pubblicato quattro dozzine di studi aggiuntivi sulla missione. Tra questi tesori ci sono le prime osservazioni di onde magnetiche "canaglia": il primo accenno di un ambiente privo di polvere immediatamente intorno al sole; il primo assaggio di un'espulsione incontaminata di particelle; e la **sorprendente scoperta che il vento solare sta accelerando lateralmente molto, molto più velocemente del previsto, il che può influenzare notevolmente l'evoluzione stellare.**

Parker Solar Probe sta effettuando queste osservazioni mentre si tuffa nella corona del sole, un'enigmatica guaina di gas e particelle a milioni di gradi. Durante il suo viaggio di sette anni, "oscillerà" sempre più vicino al sole durante ogni orbita, arrivando infine entro quattro milioni di miglia dalla superficie ardente della nostra stella.

Il Parker Solar Probe sarà in grado di collaborare con il veicolo spaziale SolO. Dopo il lancio SolO, oscillerà vicino alla Terra e a Venere, raccogliendo contributi gravitazionali dai pianeti che lo avvicineranno. Nei prossimi cinque anni, la gravità di Venere spingerà la sonda in un'orbita inclinata, che porterà i poli solari in vista, con il primo assaggio di visione dei poli previsto nel 2025.

Insieme, la coppia di veicoli spaziali raccoglierà osservazioni ad alta risoluzione di quello che potrebbe essere l'ambiente più dinamico ed estremo del sistema solare. Girando intorno al sole in tandem, le due navicelle osserveranno come il vento solare incontaminato, o le particelle esalate dal sole, si evolvono mentre si riversano nel sistema solare.

Mentre i due orbitatori ronzano attorno al sole, il telescopio DKIST, dal suo trespolo hawaiano in cima ad Haleakalā, a Maui, vedrà la superficie solare in modo ancora più dettagliato rispetto a ciascuna delle navicelle spaziali. Ciò è in parte dovuto al suo specchio di cinque metri, che è molto più grande persino di quello del telescopio spaziale Hubble. "Le cose che DKIST può fare, non potremmo mai farlo dallo spazio", affermano i suoi scienziati: "ha una risoluzione senza precedenti nella parte visibile dello spettro."

Non è un caso che il sole stia finalmente iniziando a splendere, afferma Kelly Korreck, eliofisica presso l'Harvard-Smithsonian

Center for Astrophysics e uno dei principali investigatori della Parker Solar Probe. Questi nuovi osservatori, sia terrestri che spaziali, culminano decenni di pianificazione e sviluppo tecnologico, senza i quali tali esplorazioni sarebbero state impossibili.

La scienza distintiva di SolO

Le osservazioni polari di SolO potrebbero aggiungere un tassello cruciale e mancante al puzzle del ciclo magnetico del sole. Da anni gli scienziati sanno che l'attività del sole è ciclica e scorre in un periodo di 11 anni; ma le teorie che descrivono come funziona non sono mai state in grado di eguagliare le osservazioni fisiche.

Uno dei motivi di questi "misteri" è che mancano dati dettagliati sulle regioni polari solari. Anche se a metà degli anni '90 e all'inizio degli anni 2000, la navicella spaziale Ulisse aveva già intravisto i poli del sole, sebbene da molto lontano e senza una telecamera a bordo.

"Semplicemente non sappiamo come siano i poli e pensiamo davvero di aver bisogno di quei dati per svelare alcuni dei misteri del ciclo magnetico", dicono gli scienziati, "Questo è stato sempre davvero il nostro punto cieco."

Con una visione globale più completa, gli scienziati dovrebbero essere in grado di approfondire le complessità di quei cicli magnetici e il modo in cui l'energia si manifesta sulla superficie della stella

Gli anelli, che si inarcano in alto, sopra la superficie del sole, sono spesso i siti in cui nascono **i brillamenti solari**. Di tanto in tanto, quegli sprazzi di energia lanciano bolle supersoniche e supercariche di particelle nello spazio, chiamate **espulsioni di massa coronale o CME**. Se una di quelle raffiche volasse verso la Terra, potrebbe essere catastrofica.

Nel 1859, un CME particolarmente potente ha messo fuori combattimento i telegrafi e ha incendiato i cieli della Terra con aurore così luminose da imitare la luce del giorno. Ora chiamato **l'evento Carrington**, questi tipi di eventi meteorologici spaziali sono esattamente ciò che gli scienziati sperano di prevedere con il più grande anticipo possibile.

Con un sufficiente preavviso, i satelliti più vulnerabili e le reti elettriche potrebbero essere messi in protezione in modo proattivo; e qualsiasi essere umano che si trovasse in orbita o nello spazio profondo potrebbe mettersi al riparo.

"Possiamo mitigare gli effetti negativi di questi fenomeni; ma abbiamo davvero bisogno di capire quando il sole sarà attivo e come interagirà con la magnetosfera terrestre", dicono gli scienziati. "Man mano che diventiamo sempre più dipendenti dai satelliti per la comunicazione, andiamo sulla Luna e su Marte e diventiamo un popolo che viaggia nello spazio, dobbiamo davvero capire i pericoli per l'equipaggio e per le nostre risorse elettroniche nello spazio".

Inoltre, una comprensione più intima di come funziona il sole può aiutare a informareci circa le prospettive di vita sui pianeti in orbita attorno a

stelle simili al sole.

Il Sole aveva un antico compagno binario?

Una nuova ricerca parla di scrutare la Nuvola di Oort e il Pianeta Nove.

Agli albori del Sistema Solare, il Sole potrebbe aver avuto una stella compagna, dicono gli scienziati, rendendolo parte di un sistema binario come molti altri soli nella galassia della Via Lattea.

Questo secondo sole sarebbe stato a 150 miliardi di chilometri di distanza, così distante che sarebbe stato semplicemente un punto luminoso, che proiettava sulla Terra meno luce della Luna piena.

Gli indizi sulla sua possibile esistenza risiedono in due peculiarità del sistema solare esterno, afferma Amir Siraj, dell'Università di Harvard, negli Stati Uniti, primo autore di un articolo su Astrophysical Journal Letters .

Uno di questi è l'esistenza della nube di Oort, la parte più lontana del Sistema Solare, che si ritiene possa ospitare circa 100 miliardi di oggetti ghiacciati più grandi di un chilometro di raggio.

Sappiamo che la nube di Oort è là fuori perché periodicamente questi oggetti vengono perturbati dalle loro orbite e cadono nel sistema solare interno come comete. Ma come ci siano arrivati è più difficile da spiegare.

Una possibilità, dice Siraj, è che questi oggetti siano stati lanciati fuori dal Sistema Solare interno dalle interazioni con i pianeti giganti. Un altro è che sono emessi da altri sistemi planetari, e catturati dalla gravità del nostro Sole.

Ma perché ce ne sono così tanti è difficile da spiegare. "I modelli di acquisizione hanno sofferto a causa del fatto che è molto difficile catturare un numero sufficiente di quegli oggetti", afferma Siraj.

Problemi simili si applicano ai modelli che

mostrano che vengono espulsi dal sistema interno, dice. Non è che questi modelli siano impossibili; è solo che non è molto probabile che diano il risultato giusto.

L'altro enigma è il misterioso Pianeta Nove, un corpo astrale delle dimensioni di Nettuno, che molti astronomi credono si trovi in agguato, non lontano dalla Nuvola di Oort; e ciò in base ai suoi apparenti effetti gravitazionali su una serie di altri sistemi solari lontani.

Se davvero esiste, dice Siraj, anche questo è difficile da spiegare. Si è formato a quella distanza? Se è cosi, come? Si è formato più vicino ed è stato gettato là fuori dagli altri pianeti giganti? Se è cosi, come? È un mondo canaglia catturato dallo spazio interstellare?

Ci sono stati molti articoli scientifici che hanno esaminato queste domande, ma tutti hanno solo trovato ogni scenario "abbastanza improbabile", dice Siraj.

Se nella sua giovinezza il Sole, però, avesse avuto una stella compagna, il problema sarebbe molto più semplice da risolvere, perché le simulazioni al computer mostrano che i sistemi stellari binari sono molto più efficienti nel catturare sia mondi come il

Pianeta Nove, sia oggetti più piccoli come quelli nella Nuvola di Oort.

Inoltre, dice Siraj, sappiamo che molte stelle simili al Sole, "forse la maggioranza", nascono con compagni binari.

Per quanto riguarda dove è finita la stella compagna scomparsa, la semplice risposta è che è andata persa nello spazio interstellare.

Molto probabilmente Siraj dice, questo è accaduto nei primi 100 milioni di anni del Sistema Solare, quando sarebbe stato ancora immerso nel suo ammasso di nascita; la regione di formazione stellare densamente popolata in cui esso e altre stelle si sono condensate da una densa nube di gas interstellare. Le interazioni gravitazionali con una stella vicina avrebbero quindi potuto facilmente strappare via il suo compagno e inviarlo a vagare, da solo, attraverso lo spazio interplanetario.

"Questa è una bella idea", dice Mike Brown, astronomo e scienziato planetario presso il California Institute of Technology, che è uno dei leader nella ricerca del Pianeta Nove. "L'idea generale che il Sole possa aver iniziato come binario non è controversa", dice, "ci ricorda che alcune cose molto ragionevoli (come una stella binaria) possono portare a scenari favorevoli alla "cattura" ". Se sia una ipotesi più o meno probabile di altri scenari per l'origine di Pianeta Nove, dice, è difficile da dire, "ma è sicuramente ragionevole".

Siraj suggerisce che la migliore speranza di verifica per la sua ipotesi arriverà dopo che l'Osservatorio Vera C Rubin, ora in costruzione sulla cima di una montagna in Cile, entrerà in funzione a metà del 2021. Non solo quel telescopio potrebbe essere in grado di trovare il Pianeta Nove, ma anche in caso contrario, potrebbe trovare un numero inaspettato di pianeti nani più piccoli a circa la stessa distanza dal Sole. Se così fosse, dice, sarebbe "la vera pistola fumante" necessaria per confermare l'esistenza di un compagno binario ormai perduto del Sole.

Per quanto riguarda **PIANETA NOVE**, non possiamo ancora essere certi della sua presenza, ma le evidenze teoriche dell'esistenza di un nuovo, sconosciuto pianeta ai margini del Sistema Solare si fanno sempre più stringenti.

I calcoli orbitali di due astronomi del California Institute of Technology di Pasadena supporterebbero l'esistenza di un "nono pianeta" (già soprannominato Pianeta Nove o Planet Nine) con massa pari a 10 volte quella terrestre e alla metà di quella di Nettuno, che completa un'orbita ellittica attorno al Sole ogni

10.000-20.000 anni.

Freddo e lontano. Sempre che esista, non arriverebbe mai a più di 200 unità astronomiche (200 volte la distanza tra la Terra e il Sole) dal Sole, una caratteristica che lo collocherebbe nel regno ghiacciato della Fascia di Kuiper, quella cintura di corpi minori che si estende al di là dell'orbita dei pianeti maggiori.

Non è la prima volta che viene teorizzata l'esistenza di un Pianeta Nove (o Pianeta X, se consideriamo Plutone il nono pianeta) nel Sistema Solare, ma i nuovi dati hanno il merito di delineare con buona precisione la posizione del corpo celeste.

I due scienziati hanno anche aperto un blog, **findplanetnine,** in cui documentano passo per passo le ricerche del misterioso corpo celeste.

Difficilissimo da osservare con un telescopio per la grande distanza - i due scienziati ci hanno provato a lungo e inutilmente, con il telescopio hawaiano Subaru - la sua esistenza può però essere dedotta dalle interazioni gravitazionali con diversi oggetti della Fascia di Kuiper.

Come intrappolare più energia dal Sole?

Ogni mattina l'alba ci ricorda che per il momento riusciamo a sfruttare solo una ridicola frazione di quella vasta fonte di energia pulita che è il Sole. Il problema principale è economico: l'uso dei pannelli fotovoltaici convenzionali è limitato dal loro costo. Eppure la vita sulla Terra, che in ultima analisi è alimentata quasi completamente dall'energia solare attraverso la fotosintesi, ci dimostra che non sono necessarie celle solari con efficienza spaventosa: basta che, come le foglie, si possano produrre in economia e in grande quantità.

«Uno dei grandi obiettivi della ricerca in questo campo è usare l'energia solare per produrre combustibili», dice Devens Gust, dell'Arizona State University. Il modo più facile per ottenere carburanti dall'energia del Sole è scindere l'acqua per ottenere idrogeno e ossigeno gassoso. Nathan S. Lewis e collaboratori, al California Institute of Technology, stanno sviluppando una foglia artificiale che dovrà fare proprio questo (si veda l'illustrazione nella pagina a fronte), usando fili nanometrici di silicio.

Nei mesi scorsi Daniel Nocera, del Massachusetts Institute of Technology, e i suoi collaboratori hanno ottenuto una membrana a base di silicio in cui a scindere l'acqua è un fotocatalizzatore a base di cobalto. Secondo le stime di Nocera, quattro litri d'acqua potrebbero produrre abbastanza combustibile da soddisfare il fabbisogno di un'abitazione per un giorno nei paesi in via di sviluppo. «L'obiettivo è dare a ogni casa una propria centrale energetica», spiega Nocera.

Tuttavia, scindere l'acqua con un catalizzatore è ancora un processo difficile. «I catalizzatori al cobalto come quello usato da Nocera, e altri scoperti da poco e basati su metalli comuni, sono promettenti», afferma Gust, ma nessuno ha ancora trovato un catalizzatore ideale a basso costo.

«Non sappiamo come funziona il catalizzatore naturale della fotosintesi, che è basato su quattro

atomi di manganese e uno di calcio», sottolinea il ricercatore dell'Arizona State University.

Gust e colleghi hanno analizzato la possibilità di fabbricare assemblaggi molecolari che imitino in modo più efficace le strutture biologiche fonte d'ispirazione, e il suo gruppo ha sintetizzato alcuni componenti che potrebbero far parte di questo genere di dispositivi. Tuttavia, su questo fronte c'è ancora molto lavoro da fare. Le molecole organiche come quelle che usa la natura tendono a degradarsi rapidamente. Mentre le piante producono in continuazione nuove proteine per sostituire quelle che si degradano, le foglie artificiali non hanno (ancora) a disposizione l'intero macchinario di sintesi delle cellule viventi.

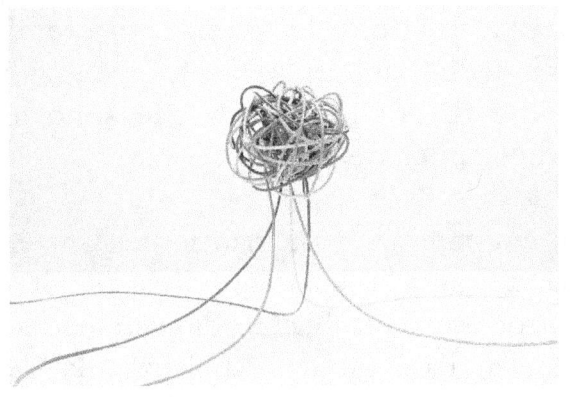

Il miglior esempio di "Caos" è ancora un mistero

La legge di Batchelor, che aiuta a spiegare come le concentrazioni chimiche e le variazioni di temperatura si distribuiscano in un fluido, può essere vista all'opera nei vortici di varie dimensioni di miscelazione dell'acqua oceanica calda e fredda.

La **turbolenza** è vista infatti come il migliore esempio di teoria del caos; ma provarla matematicamente, in maniera completa e convincente, è diabolicamente difficile; così difficile che **il Clay Institute ha offerto un premio di un milione di dollari per le soluzioni delle equazioni di Navier-Stokes che sono alla base della meccanica dei fluidi.**

Un gruppo di matematici dell'Università del Maryland negli Stati Uniti ha sviluppato gli strumenti per affrontare il problema, dimostrando una delle teorie alla base della turbolenza: **la legge di Batchelor.**

La nuova prova potrebbe portare a una modellazione più precisa della turbolenza in molti settori; dall'aerodinamica delle automobili alla formazione dei cicloni.

La legge di Batchelor descrive le dimensioni e la distribuzione dei vortici; e dei vortici che si formano quando i fluidi si mescolano, nel modo in cui una goccia di latte si diffonde attraverso il tè. Se il tè viene mescolato, si formano vortici di molte dimensioni: alcuni hanno le dimensioni del cucchiaino, ma su quei vortici ci sono vortici più piccoli, che formano una struttura complessa simile a un frattale.

Ma a differenza di un frattale, i vortici più piccoli non sono repliche esatte di quelli grandi, quindi la previsione di George Batchelor del 1959 era approssimativa: come fisico, a quel tempo, poteva solo attingere da ciò che veniva osservato in natura (ad esempio per la miscelazione del sale attraverso l'acqua di mare) o in condizioni controllate di esperimenti di laboratorio: osservazioni che non potevano tracciare il movimento di ogni molecola.

Tuttavia, oggi, i ricercatori del Maryland sono stati in grado di sviluppare una prova rigorosa; finora, solo per un insieme limitato di circostanze che non li qualificano per il milione di dollari; ma le loro nuove tecniche consentiranno una sfilza di nuove prove nei prossimi anni, spera uno degli autori delle nuove sperimentazioni, Jacob Bedrossian.

"Queste stanno aprendo una porta per comprendere la turbolenza a un livello più ampio", dice. "C'è molto lavoro da fare, molte nuove idee matematiche devono essere inventate, ma il campo di gioco è aperto".

Bedrossian, Samuel Punshon-Smith (ora alla Brown University) e Alex Blumenthal hanno svelato le loro tecniche in una serie di tre conferenze alla Society for Industrial and Applied Mathematics Conference on Analysis of Partial Differential Equations.

La svolta è stata resa possibile da tre matematici,

colmando il divario tra le loro diverse serie di competenze.

Bedrossian, che studia il flusso dei fluidi utilizzando equazioni differenziali parziali, ha contribuito, per esplorare il problema del mescolamento turbolento, con **Punshon-Smith,** che utilizza equazioni differenziali parziali per studiare la probabilità nei sistemi stocastici; sistemi con un po' di rumore e casualità.

La coppia ha esplorato articoli di fisici che, sebbene espressi in un linguaggio diverso dalla loro lingua matematica nativa, li ha portati a rendersi conto che avevano bisogno di comprendere le traiettorie delle particelle nel fluido, che si comportano in modo caotico.

"Siamo arrivati a una visione che ci porta a dire che oggi possiamo forse riuscire nel nostro lavoro, dice Bedrossian. "Se solo tre anni fa mi avessero chiesto se potevamo risolvere questo problema, avrei detto" ricontrolla tra 100 anni ".

A questo punto, la coppia ha parlato con **Blumenthal,** che ha lavorato su sistemi dinamici e teoria ergodica, una branca della matematica che include la teoria del caos. A lui la prova sembrava abbastanza realizzabile: modelli semplicistici del tipo di sistema su cui stavano lavorando Bedrossian e

Punshon-Smith erano stati sviluppati nei decenni precedenti, ma mai applicati al mondo reale.

Mentre i tre si mettevano al lavoro, Blumenthal si rese conto dei problemi. "Tutto, nelle equazioni alle derivate parziali, è più difficile di quanto ti aspetti. Lavorare in dimensioni infinite è come entrare nelle sabbie mobili ", ha sottolineato.

Tuttavia, il gruppo ha perseverato e sviluppato strumenti che, dicono, "fanno da ponte tra la meccanica dei fluidi [campo di Bedrossian] e i sistemi dinamici [campo di Blumenthal]".

"Il lavoro di Sam sulla probabilità è il filo conduttore che aiuta a collegare ciò che io e Alex facciamo", dice Bedrossian. "Nessuna singola persona avrebbe avuto sufficiente esperienza in tutti i campi per costruire il ponte."

Per documentare le tecniche occorrono quattro documenti: uno che descriva come le particelle che sono inizialmente vicine - come le gocce di latte nel tè - finiscono per essere ampiamente separate; un secondo e un terzo che si occupino della velocità e della miscelazione dei fluidi; e l'ultimo a convertire i risultati in dichiarazioni che equivalgano a una prova rigorosa della legge di Batchelor.

Navid Constantinou, un modellista oceanico e atmosferico della Australian National University, che non è stato coinvolto nella ricerca, afferma che la natura rigorosa della dimostrazione aiuterebbe a sviluppare modelli climatici più accurati, per merito dell'ampia applicabilità della legge di Batchelor.

"Questi tre matematici hanno già dimostrato come l'energia è distribuita a varie scale spaziali, e ciò è molto utile per i modelli climatici", afferma.

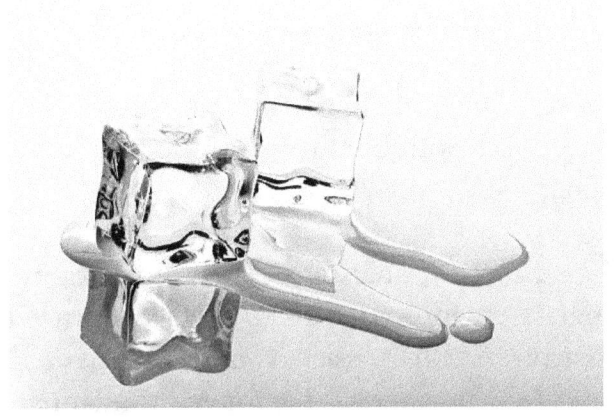

Cosa succede nella zona grigia tra solido e liquido?

Solidi e liquidi sono ben compresi. Ma alcuni materiali si comportano sia come un liquido, che come un solido, rendendo il loro comportamento difficile da prevedere. Soprattutto non si comprende la zona che li separa: la "zona grigia".

La sabbia è un esempio. Un granello di sabbia è solido come una roccia, ma un milione di granelli può fluire attraverso un imbuto quasi come l'acqua. E il traffico autostradale può comportarsi in modo simile, scorrendo liberamente fino a quando non si blocca in un collo di bottiglia.

Quindi una migliore comprensione di questa "zona grigia" potrebbe avere importanti applicazioni pratiche.

"La gente si è chiesta, in quali condizioni l'intero sistema si inceppi o si intasi" dice il dottor Kerstin Nordstrom, un fisico al Mount Holyoke College. "Quali sono i parametri fondamentali per evitare l'intasamento? Stranamente, un'ostruzione nel flusso del traffico in un particolarev senso, può, in determinate condizioni, ridurre effettivamente gli ingorghi. È molto controintuitivo, ma vero." Afferma.

Raggi cosmici ;
Visitatori spettrali

Lo spazio può essere un luogo intenso per irradiazioni. Ma siamo sufficientemente schermati quaggiù sulla Terra, o no?

I raggi cosmici sono particelle ad alta energia che provengono dallo spazio esterno e bombardano regolarmente la Terra. Generalmente, queste particelle sono completamente innocue: la nostra atmosfera ci protegge con buona efficienza. Ma ci sono delle eccezioni.

In alto nella stratosfera, i raggi cosmici possono influenzare sia gli esseri umani che l'elettronica. Gli astronauti e l'equipaggio degli aerei sono esposti a livelli di radiazioni più elevati rispetto alla persona media, a causa della presenza di raggi cosmici, anche se, nella maggior parte dei casi, non con sufficiente energia per rappresentare un rischio.

Ma l'elettronica è tra le vere potenziali vittime. Le particelle ad alta energia possono interrompere i dati elettronici, portando a crash di sistemi. E, in un mondo sempre più digitale, non è una buona notizia.

Stiamo appena iniziando a conoscere il potenziale impatto che i raggi cosmici potrebbero avere sui sistemi elettronici vitali; gli studi sono ancora in corso per trovare una soluzione.

The Big Crunch - La fine del mondo come la conosciamo?

Tutte le cose belle devono finire, anche l'universo stesso. Ma come?

Bene, ci sono molte strane idee in merito.

In passato, il delizioso nome "Big Crunch" (collasso finale) suggerisce uno scenario in cui l'espansione dell'universo, che è iniziato col Big Bang, si assottigli e lasci invece il posto alla forza di gravità.

Di conseguenza, tutto - pianeti, galassie, ammassi - viene riunito in un unico punto di massa denso, finché tutto non viene spazzato via. Non dovremmo preoccuparci troppo, però: ci vogliono ancora molti miliardi di anni prima che ciò avvenga.

Ma quella del Big Crunch non è l'unica teoria riguardo alla nostra inevitabile fine. Altre idee includono "the Big Freeze" (grande congelamento), "the Big Bounce" (espansioni e contrazioni cicliche).

E infine quella del "Big Rip". Il Grande Strappo

Questo modello è supportato dai fisici teorici dell'Accademia cinese delle scienze; in base ai calcoli da loro elaborati e pubblicati sulla rivista "Science China": l'energia oscura porterà l'Universo ad espandersi fino a provocare strappi che lo ridurranno in brandelli.

In una inesorabile catena di eventi, la Via Lattea si smembrerà 32,9 milioni di anni prima della fine, mentre la Terra verrà prima strappata via dalla sua orbita e infine, 16 minuti prima della morte dell'Universo, verrà dissolta. Questa visione catastrofistica è la diretta conseguenza di una recente teoria, che iniziò ad essere elaborata nel 2003, detta

"Big Rip", sulla base delle conoscenze attuali sull'espansione accelerata dell'Universo. E' noto infatti a partire dagli anni '90, che il nostro Universo, nato dal "Big Bang" o grande esplosione 13,7 miliardi di anni fa, sia soggetto a una espansione accelerata, ossia si espanda in maniera forzata: una spinta prevista inizialmente dai modelli teorici della relatività e oggi identificata come energia oscura, una sorta di energia del vuoto che allarga lo spazio e che costituirebbe il 70% dell'Universo.

In questo contesto, secondo la teoria del Big Rip, a causa di questa espansione accelerata, ogni oggetto fisico, a partire dalle galassie, e poi pianeti e esseri viventi fino agli atomi, verrà lentamente tirato; letteralmente fatto a pezzi e ridotto a singole particelle elementari che continueranno ad allontanarsi tra loro in una sorta di gas sempre meno denso. Un lento e inesorabile strappo. Analizzando alcuni dei parametri legati al destino dell'Universo, in particolare il rapporto tra pressione e densità della materia oscura, i ricercatori hanno sviluppato uno scenario futuro nel quale, con un livello di fiducia del 95%, il tempo ancora a disposizione per l'Universo sia al massimo 16,7 miliardi di anni.

Il ruggito dello spazio

Nello spazio nessuno può sentirti urlare. Lo spazio ci hanno detto che è vuoto, quindi non dovrebbe esserci alcun rumore.

E invece c'è.

L'intero universo è animato dal suono, da una specie di ruggito. E il ruggito spaziale non è solo un normale e tranquillo suono quotidiano; in realtà sono stati rilevati degli strani segnali radio.

Sappiamo cosa siano le onde radio che usiamo per le comunicazioni: TV, telefoni cellulari, radio. Ebbene, sembra che lo spazio ne sia pieno, emettendo un rumore abbastanza forte da soffocare altri segnali; il che è abbastanza fastidioso per gli scienziati che cercano di esplorare il cosmo.

Da dove viene questo ruggito? Alcuni pensano che sia la radiazione residua delle stelle primordiali, altri credono che siano i gas che turbinano intorno agli ammassi di galassie, oppure le galassie stesse. Ma per ora, l'universo

ruggente rimane un altro mistero irrisolto (e rumoroso).

La scienza ha scoperto Dio?

(v. anche pag. 304 –"La vita è nata per caso?")

"Per lo scienziato che è vissuto con la sua Fede nel Potere della Ragione, la storia finisce come un brutto sogno. Ha scalato la montagna dell'ignoranza; sta per conquistare il picco più alto; e, mentre si issa sopra la roccia finale, ecco che viene salutato dalle bande di teologi che sono stati seduti lì da secoli."

(ROBERT JASTROW)

Molti scienziati, quando discutono circa le loro opinioni su Dio, propendono verso l'argomento "progettuale": un Ordine esiste; un Progetto esiste. E, sorprendentemente, molti scienziati che discutono di Dio non hanno alcuna credenza religiosa.

Einstein non credeva che la Scienza possa spiegarci Dio; e Stephen Hawking affermava che, se ciò potesse mai accadere, potrebbe essere la più grande scoperta scientifica di tutti i tempi. Ma la Scienza non ha forse dimostrato che non abbiamo bisogno di Dio per spiegare l'Universo? Fulmini, terremoti e persino la nascita dei figli venivano un tempo spiegati come atti di Dio. Ma ora conosciamo meglio la questione; e pare che Dio non c'entri molto.

C'è qualche dubbio? C'è qualche imprevedibile scoperta che induca gli scienziati a parlarci di Dio?

In realtà, contro i dubbiosi, gli atei, gli agnostici, spiccano tre scoperte considerate rivoluzionarie nel campo dell'astronomia e della biologia molecolare.

Esse sono:

1. L'universo ha avuto un inizio
2. L'universo è perfetto per la vita
3. La codifica del DNA rivela intelligenza creatrice

E, in realtà, sono proprio le dichiarazioni in merito di alcuni scienziati che possono sorprenderci a pensare: "anche per la Scienza, Dio esiste!"

Diamo un'occhiata:

1. l'universo ha avuto un inizio

Prima del XX secolo, la maggior parte degli scienziati credeva che la nostra galassia, la Via Lattea, fosse l'intero universo, e che esistessero solo circa 100 milioni di stelle. Cosa più importante: la maggior parte degli scienziati credeva che il nostro universo non avesse mai avuto un inizio. Credevano che massa, spazio ed energia fossero sempre esistiti.

Ma all'inizio del XX secolo, l'astronomo Edwin Hubble, non solo scoprì che l'universo si sta espandendo; ma, "riavvolgendo" matematicamente il processo, all'indietro, calcolò che ogni cosa nell'universo, inclusi materia, energia, spazio e persino il tempo stesso, aveva avuto effettivamente un inizio.

Molti scienziati, tra cui Einstein, reagirono negativamente a questa scoperta; inizialmente negandola. **In quella negazione che Einstein in seguito definì "il più grande errore della mia vita",** anche perché ammise che aveva forzato alcune equazioni per evitare l'implicazione di un inizio dell'Universo.

Forse l'avversario più strenuo contro l'inizio dell'Universo fu l'astronomo britannico Sir Fred Hoyle, che creò il termine "Big Bang" per la Creazione. Ma lo aveva creato, in realtà, in maniera sarcastica; egli infatti sosteneva ostinatamente la sua teoria dello "stato stazionario" secondo cui l'universo è sempre esistito.

Nel 1992, finalmente, gli esperimenti coi satelliti COBE hanno dimostrato inequivocabilmente che l'universo ha avuto davvero un inizio. Sebbene alcuni scienziati chiamassero questo il "momento della Creazione", la maggior parte continuò a chiamarlo "Big Bang". L'astronomo Robert Jastrow cerca di aiutarci a immaginare come è iniziato tutto. "L'immagine suggerisce l'esplosione di una bomba all'idrogeno cosmica. L'istante in cui è esplosa la bomba cosmica ha segnato la nascita dell'Universo. "

Egli dice.

Il problema è che, se l'universo ha avuto un inizio, la domanda "chi lo ha iniziato?" è plausibile. Se fosse sempre esistito, invece, spazio per la domanda non ce ne sarebbe.

E qui nascono i problemi. Per molti la Scienza non è in grado di dirci cosa o Chi ha causato l'inizio dell'Universo. Ma alcuni altri scienziati credono che questo inizio indichi chiaramente un Creatore. Il teorico britannico Edward Milne scrisse un trattato matematico sulla relatività che si concludeva dicendo: "Per quanto riguarda la prima causa dell'Universo, nel contesto dell'espansione, la nostra visione è incompleta senza di Lui." Un altro scienziato britannico, Edmund Whittaker, si spinge fino ad affermare che l'inizio del nostro universo è dovuto a "Volontà divina che costruisce la natura dal nulla".

Più in particolare, molti scienziati sono stati colpiti dalla similitudine di questo "Big Bang", evento di creazione unico e dal nulla, con il racconto biblico della creazione in Genesi 1. Prima di questa scoperta, molti scienziati consideravano il racconto biblico della creazione dal nulla come assolutamente non scientifico. Anche un altro agnostico, George Smoot, lo scienziato vincitore del Premio Nobel, responsabile dell'esperimento COBE, ammette il parallelo. "Non c'è dubbio che esista un parallelo tra il Big Bang come evento, e la nozione cristiana della creazione dal nulla".

In parole povere: gli scienziati che erano soliti deridere la Bibbia come un libro di fiabe, oggi stanno ammettendo che il concetto biblico di creazione dal nulla è sempre stato giusto.

2. l'universo e' perfetto per la vita

I cosmologi, specializzati nello studio dell'universo e delle sue origini, ben presto si sono resi conto che la probabilità che un'esplosione cosmica possa condurre alla Vita è pari alla possibilità che un'esplosione atomica possa "produrre la vita": a meno che questa bomba non sia stata progettata proprio per farlo. E questo progetto dovrebbe essere molto, ma molto accurato.

Ciò può significare che "la Vita è nel Progetto". E se un Progetto esiste, molto probabilmente deve esistere un Progettista. Alcuni scienziati hanno iniziato, come vedremo, addirittura a usare parole come "Super-intelletto", "Creatore" e persino "Essere Supremo" per descrivere questo Progettista.

Diamo un'occhiata al perché nel prossimo

capitolo.

CAPITOLO III

I MISTERI DELLA VITA

"La tigre deve cacciare, l'uccello deve volare;
L'uomo deve sedersi e chiedersi "perché, perché, perché?"

-Kurt Vonnegut, Cat's Cradle

La curiosità è uno dei tratti che contraddistinguono l'essere umano dagli altri animali, perché l'uomo non ha mai smesso di chiedere o esplorare per capire meglio il mondo che lo circonda. Ciò è particolarmente evidente in fisica, in cui sono state scoperte importanti scoperte e scoperte importanti dall'inizio del XX secolo; come lo sviluppo della meccanica quantistica, la teoria della relatività generale e la teoria del Big Bang, fino alla sorprendente scoperta delle onde gravitazionali.

Ma ovviamente ci sono ancora una serie di enigmi irrisolti sui quali i fisici stanno ancora lavorando oggi, che potrebbero portarci a scoperte future. E non solo i fisici.□

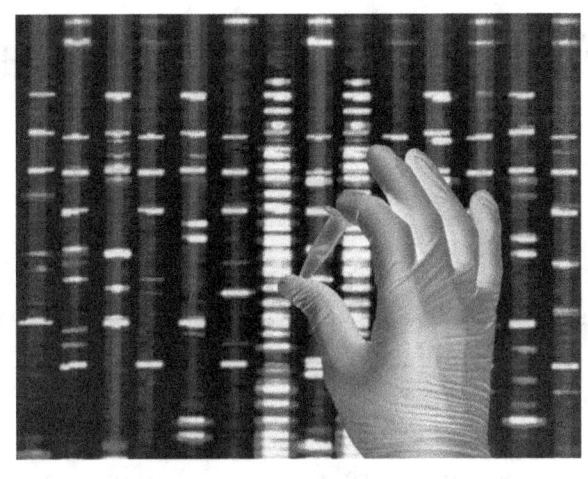

"Abiogenesi" (origine della sostanza vivente da sostanze inorganiche)
E
"Biogenesi" (la vita si può originare solo da altra vita)

Quale teoria è vera?

Definizione di essere vivente: **un sistema chimico autosufficiente capace di evolversi (definizione proposta dall'Exobiology Programme della NASA).**

Sin dai tempi di Aristotele era convinzione comune che la vita si fosse originata in seguito a **generazione spontanea,** un fenomeno per cui esseri viventi come vermi e insetti si genererebbero spontaneamente a partire da sostanze organiche (plasmogonia) o inorganiche (autogonia). La teoria generale è definita **BIOGENESI.**

Questa ipotesi venne ritenuta valida per secoli, poiché mancava una vera conoscenza dell'ambito microbiologico, in quanto **la comunità scientifica non aveva dato seguito alle osservazioni di Antonie van Leeuwenhoek.** Era stato questo mercante il primo a descrivere l'esistenza di protozoi, batteri e lieviti (oltre che degli spermatozoi), nella metà del Seicento.

L'ipotesi della generazione spontanea fu dimostrata errata e finalmente **abbandonata** nell'Ottocento, grazie a un celebre esperimento di Louis Pasteur. Lo scienziato francese realizzò dei contenitori di vetro dal collo a "s" molto lungo, chiamati "matracci a collo d'oca", che riempì con dei brodi alimentari, potenziale nutrimento per microbi. Sterilizzò alcuni contenitori, bollendoli, lasciando inalterati gli altri come controllo. Mostrò così che **i microbi proliferavano solo negli alimenti non sterilizzati**, mentre in quelli dove le "spore" della vita erano state eliminate, tramite bollitura, non avveniva alcuna generazione spontanea. A tutt'oggi è possibile osservare i matracci contenenti i brodi sterilizzati, ancora inalterati, all'Istituto Pasteur a Parigi.

Attualmente si ritiene invece, che la vita si sia sviluppata secondo il modello di **ABIOGENESI**: ossia che sia avvenuta seguendo **una serie di passaggi, a partire da sostanze inorganiche, verso una maggior complessità**; i passaggi sarebbero:

1. formazione di sostanze organiche a partire da molecole inorganiche semplici;
2. costituzione di elementi cellulari;
3. sviluppo di organismi viventi semplici, come virus, virioni o batteri, da cui si sarebbero evolute le forme di vita più complesse.

Prima fase: come si originano sostanze organiche?

Negli anni Venti del secolo scorso il biochimico russo Alexander Ivanovič Oparin e il biologo britannico John B. S. Haldane proposero indipendentemente due ipotesi molto simili per spiegare l'abiogenesi. Secondo i due scienziati delle molecole organiche si sarebbero potute generare in un **ambiente primordiale riducente, ricco di metano, ammoniaca e acqua,** in presenza di fonti energetiche come raggi ultravioletti o fulmini. La teoria venne testata nel 1953 grazie all'**esperimento di Miller-Urey**, dai nomi del dottorando e del premio Nobel per la Chimica che lo eseguirono. Essi ricrearono in laboratorio l'ipotetica "*hot primitive soup*" descritta da Oparin e Haldane e la sottoposero a scariche elettriche, a imitazione di fulmini, **ottenendo così tre aminoacidi**: la glicina, l'alanina e la β-alanina.

Tale risultato è replicabile in condizioni ricche di idrogeno, che si pensa costituisse circa il 30% dell'atmosfera terrestre di quattro miliardi di anni fa. Tali quantità di gas potrebbero essere state insufficienti per la formazione di aminoacidi. Si ipotizza dunque che, in alternativa, **la sintesi prebiotica potrebbe essere avvenuta altrove**.

- **In prossimità dei vulcani.** Nel 2008 Johnson e colleghi hanno replicato l'esperimento di Miller-Urey su campioni di gas vulcanici, ottenendo come prodotti ben ventidue aminoacidi e cinque amine.
- **Nelle sorgenti idrotermali**, spaccature sottomarine della crosta terrestre che rilasciano calore e fluidi acidi ricchi di gas. In queste condizioni è possibile la formazione di aminoacidi a partire da sostanze inorganiche in funzione della concentrazione di queste ultime, della temperatura e del tempo di riscaldamento. Nell'arco di una settimana, però, le alte temperature degradano la maggior parte degli aminoacidi così formati, per cui sono molti gli scienziati che dubitano della concretezza di questa possibilità.
- **Su altri pianeti**, giungendo sulla Terra **per mezzo di comete, meteoriti o altri detriti spaziali**.

Seconda fase: quale macromolecola è nata prima?

Il DNA (*DeoxyriboNucleic Acid*) è la molecola che contiene le istruzioni necessarie alla sintesi delle proteine, che sono fondamentali per il funzionamento e lo sviluppo delle cellule. Il processo di traduzione da acido deossiribonucleico a proteine avviene grazie all'intervento di enzimi (un tipo di proteine), chiamati polimerasi. Il mistero dell'origine della vita si configura dunque come quello dell'uovo e della gallina: il DNA consente la sintesi delle proteine ma affinché questo processo possa avvenire servono le polimerasi, che sono proteine. Dunque **sono nate prima le uova (il DNA) o la gallina (gli enzimi)?**

Sono tre le ipotesi principali circa la prima struttura organica formatasi: il **"genetic-first" approach** (secondo cui tutto avrebbe avuto origine dagli acidi nucleici), il **"metabolism-first" approach** (per il quale si sarebbero avute dapprima le reazioni biochimiche) e il **"compartimentalization-first" approach** (per cui si sarebbero originate prima le membrane biologiche).

Genetic-first approach

Secondo il modello di Troland-Muller (dal nome dei due scienziati che lo inventarono) la vita sarebbe iniziata a partire dagli acidi nucleici. Diverse osservazioni fanno intuire che **l'origine della vita sarebbe partita da purine e pirimidine,** le strutture di base di DNA e RNA. In primo luogo, esse hanno un ruolo importante nella **sintesi proteica.** In secondo luogo la moneta energetica dell'organismo è costituita dal nucleotide adenina e da molecole di fosfato. Si tratta dell'ATP (adenosina trifosfato), essenziale per la vita poiché quasi tutti i processi che avvengono all'interno dell'organismo coinvolgono questa molecola. Infine, negli anni Ottanta Sidney Altman e Thomas Cech dimostrarono che alcuni tipi di RNA potevano fungere da enzimi, detti **ribozimi**. **Questa scoperta portò all'idea del mondo a RNA, un ipotetico periodo storico in cui la Terra sarebbe stata basata sugli RNA.**

Queste ipotesi presentano però una problematica: **l'RNA non può autoreplicarsi.** Gli anelli purinici e pirimidici, infatti, necessitano di enzimi per legarsi ai fosfati, con i quali costituiscono la struttura di base dell'RNA. Per questo motivo sono stati ipotizzati come **precursori degli acidi nucleici** molecole diverse da RNA e DNA: il PNA (Polyamide Nucleic Acid) nel 1991 Peter Nielsen, il TNA (Threose Nucleic Acid) nel 2000 da Albert Eschenmoser e il GNA (Glycol Nucleic Acid) nel 2005 da Eric Meggers. Si tratta di tre proposte plausibili dal momento che tutte queste molecole sono in grado di formare strutture elicoidali come il DNA, anche se

non ve n'è traccia in natura, quindi al momento è impossibile dire se siano veramente stati alla base della vita.

Metabolism-first approach

Sulla falsariga delle teorie di Oparin e Haldane, secondo alcuni scienziati la vita sarebbe iniziata a partire da funzioni metaboliche. **Non è ancora stato confermato che vie protometaboliche possano replicarsi ed evolversi,** caratteristiche essenziali perché la vita possa svilupparsi. Tuttavia, un punto di forza di tale ipotesi è che le vie metaboliche sono molto più semplici a originarsi delle strutture genetiche.

Compartimentalization-first approach

Lo scienziato italiano Pier Luigi Luisi ha ribattuto al modello *metabolism-first approach* sostenendo che il metabolismo richiede "compartimentalizzazione", ovvero **separazione fra gli ambienti cellulari.** La presenza di membrane, infatti, è necessaria per **molte funzionalità biologiche**, per esempio proteggendo da sostanze chimiche dannose.

La compartimentalizzazione dovrebbe quindi aver preceduto la comparsa del metabolismo. Quest'ipotesi è supportata dal fatto che le molecole lipidiche, in quanto idrofobe, si organizzano **spontaneamente in vescicole**, potenzialmente originando membrane biologiche.

Anche quest'ultima ipotesi, però, non è confermata, poiché non esistono sufficienti prove a supporto.

Shadow biosphere

Secondo alcuni scienziati, **l'abiogenesi potrebbe essere avvenuta più di una volta in condizioni differenti**, dando origine a microrganismi con strutture molto diverse da quelle che possiamo osservare oggi. **Microrganismi con chimiche uniche** sarebbero stati presenti in passato contemporaneamente ai microrganismi basati su fosforo e carbonio, ma solo questi ultimi sarebbero stati promossi dalla selezione naturale. La *shadow biosphere hypothesis* è nata nel Ventunesimo secolo sulla base della enorme diversità osservabile nei microrganismi oggi esistenti (un numero imprecisato di milioni di specie), come gli estremofili e i microrganismi che ricavano energia dall'arsenico situati nel Mono Lake in California.

Terza fase: dal semplice al complesso

Questo è il passaggio più oscuro: come può essere avvenuta l'organizzazione spontanea di molecole a formare un sistema tanto complesso come quello di un essere vivente? È importante ricordare un caposaldo dell'evoluzione: ogni struttura complessa si è formata grazie alla **somma di molte piccole modificazioni.**

Una **teoria proposta nel 2019** ha tentato di far luce su questo aspetto. Il microbiologo indiano **Anindya Das** ha suggerito che le **molecole organiche primordiali** potrebbero essere state **sottoposte a una sorta di selezione naturale.** In condizioni di sufficiente numerosità, gli scontri casuali fra molecole organiche (facilitati in ambiente liquido) avrebbero formato legami chimici, originando molecole più complesse. Se queste ultime avessero avuto proprietà vantaggiose si sarebbero potute mantenere, dando potenzialmente origine – tramite ulteriori urti – a molecole più complesse e così via. Al contrario, quelle più svantaggiate evolutivamente sarebbero state selezionate negativamente, scomparendo.

In tal modo la teoria di Darwin spiegherebbe non soltanto l'evoluzione, ma anche l'origine della vita.

Perché la vita sulla Terra?

Il nostro pianeta si è formato circa quattro miliardi e mezzo di anni fa. La vita sembra essersi evoluta **circa 500 milioni di anni dopo. Un lasso di tempo** relativamente breve, anche se, come commentò la biologa Lynn Margulis: «Il divario tra l'assenza di vita e un batterio è molto maggiore del divario tra un batterio e l'uomo.» Secondo molti scienziati **la Terra ha una serie di caratteristiche peculiari** che hanno consentito alla vita di svilupparvisi in modo relativamente facile, diversamente da altri pianeti.

Alta metallicità

Nel linguaggio dell'astronomia sono detti "metallici" gli elementi più pesanti di idrogeno ed elio, formatisi tramite reazioni nucleari all'interno delle stelle. Questi erano assenti nello spazio alla sua nascita e non sono ugualmente diffusi nei diversi pianeti presenti nello spazio. Al momento è impossibile quantificare il grado di metallicità necessario all'insorgenza della vita. Tuttavia è probabile che sia fondamentale la presenza di **idrogeno, zolfo, fosforo, ossigeno, azoto e carbonio,** i sei elementi che costituiscono le forme di vita terrestri.

L'acqua

Ogni organismo ha la **necessità di scambiare sostanze con l'esterno.** Per questo motivo la vita si è probabilmente originata in un **ambiente liquido:** gli scambi di molecole in questo ambiente sono molto più semplici, mentre sarebbero impossibili in un ambiente solido e, dato il basso numero di sostanze volatili stabili esistenti, difficili in un ambiente gassoso. **L'acqua è la candidata ideale per il ruolo di ambiente promotore di vita** essenzialmente grazie alla sua struttura chimica: il legame a idrogeno, infatti, le conferisce una serie di caratteristiche peculiari che favoriscono la vita, come la sua resistenza all'ebollizione e al congelamento. Un altro fattore molto importante è la capacità dell'acqua di schermare le radiazioni nocive per gli organismi viventi.

Le radiazioni e l'ozono

Una molecola può subire **trasformazioni chimiche in seguito a eccitazione fotochimica**, poiché le radiazioni luminose contengono un'energia tale da poter scatenare reazioni chimiche. In effetti, sulla Terra primordiale le radiazioni solari costituivano la principale fonte di energia, in quanto di gran lunga superiore a quella fornita da scariche elettriche, radioattività, vulcani ed energia geotermica. L'emissione di ultravioletti da parte del Sole potrebbe dunque aver avuto un ruolo importante nella **formazione delle prime molecole organiche sulla Terra.**

Tuttavia anche la loro schermatura è stata e continua ad essere fondamentale. Non tutte le radiazioni ultraviolette, infatti, sono utili per le reazioni fotochimiche: minore è la lunghezza d'onda, maggiore è il **danno molecolare che possono comportare**, fino a interferire con le attività biologiche. Le radiazioni ultraviolette si possono suddividere in bande a seconda della lunghezza d'onda: UV-A (315-400 nm), UV-B (280-315 nm) e UV-C (280-100 nm). Lo strato di **ozono** oggi presente nell'atmosfera impedisce alla quasi totalità di UV-B e UV-C di raggiungere la superficie terrestre, salvaguardando la vita ivi presente.

La formazione dell'ozonosfera è avvenuta circa tre miliardi di anni fa grazie all'accumulo di ossigeno nell'atmosfera, derivante in larga parte dal metabolismo di microrganismi capaci di effettuare la fotosintesi. **Come poteva la vita essersi già formata in presenza di radiazioni così dannose?** Si pensa che, prima che si formasse lo strato di ozono, nell'atmosfera fossero già presenti **molecole** capaci di **schermare le radiazioni più dannose** lasciando filtrare quelle che determinavano processi fotochimici. Inoltre, anche l'acqua possiede questa capacità di filtraggio dei raggi UV-B e UV-C, ragione per cui si ritiene che nei mari primordiali vi fosse grande attività fotochimica e la vita sopravvivesse.

Il clima stabile

Un requisito per la formazione della vita è un lungo periodo di **stabilità climatica** di centinaia di milioni di anni. Tale stabilità è stata possibile grazie alla combinazione di diversi fattori che hanno modulato il calore ricevuto dalla Terra.

- **L'atmosfera** ha e ha avuto un ruolo fondamentale nell'equilibrare la temperatura terrestre. I **gas serra** in essa presenti assorbono, trattengono e trasportano, grazie ai **venti**, il calore delle radiazioni solari. In loro assenza, ogni forma di vita primordiale sarebbe stata sottoposta a temperature estreme che l'avrebbero danneggiata.
- **La distanza della Terra dal Sole è un giusto mezzo** fra il troppo lontano, per cui la Terra congelerebbe, e il troppo vicino, per cui la Terra avrebbe un clima infernale come quello di Mercurio.
- **Lo stadio vitale del Sole e la sua dimensione** lo rendono una stella compatibile con la vita. Da circa cinque miliardi di anni esso si trova nella fase più **stabile** della vita di una stella, in cui non vi è variazione né di dimensioni né di temperatura. Data la sua massa (relativamente piccola, trattandosi di

una nana gialla), il Sole terminerà il suo periodo di stabilità fra cinque miliardi di anni.

PUO' QUINDI LA VITA ESSERE NATA "PER CASO"?

E' veramente molto difficile, logicamente, pensare che l'Universo sia nato per caso. I fisici hanno calcolato che, per far esistere l'Universo, la gravità e le altre forze della natura dovevano essere molto precisamente "calibrate", o il nostro universo non sarebbe potuto esistere. Se il tasso di espansione fosse stato leggermente più debole, la gravità avrebbe riportato tutta la materia in una "grande crisi".

Non stiamo parlando semplicemente di una riduzione dell'uno o due per cento del tasso di espansione dell'universo. Stephen Hawking scrive: "Se il tasso di espansione, un secondo dopo il Big Bang, fosse stato inferiore anche di una parte su centomila milioni di milioni, l'universo sarebbe ricaduto su se stesso, prima di poter giungere alle sue dimensioni attuali."

D'altro canto, se il tasso di espansione fosse stato solo una frazione maggiore di quello che era, le galassie, le stelle e i pianeti non avrebbero mai potuto formarsi e noi non saremmo qui.

E affinché esista la Vita, anche le condizioni nel nostro sistema solare e nel nostro pianeta devono essere state "giuste". Ad esempio, ci rendiamo tutti conto che senza un'atmosfera di ossigeno, nessuno di noi sarebbe in grado di respirare. E senza ossigeno, l'acqua non potrebbe esistere. Senza acqua non ci sarebbero piogge per i nostri raccolti. E non ci sarebbero altri elementi come idrogeno, azoto, sodio, carbonio, calcio e fosforo, anch'essi essenziali per la vita.

Ma questo da solo non è tutto ciò che è necessario per l'esistenza. Anche le dimensioni, la temperatura, la relativa vicinanza e la composizione chimica del nostro pianeta, del sole e della luna devono essere "giusti". E ci sono dozzine di altre condizioni che dovevano essere squisitamente messe a punto, o non saremmo qui a pensarci.

Gli scienziati che credono in Dio potrebbero forse essere facilitati nell'accettare una tale "messa a punto"; ma atei e agnostici non sono mai stati, comunque, in grado di spiegare queste straordinarie "coincidenze". Il fisico teorico Stephen Hawking, un agnostico, scrive: "Il fatto notevole è che i valori di questi numeri sembrano siano stati adattati molto finemente, proprio per rendere possibile lo sviluppo della vita."

STRANE COINCIDENZE O MIRACOLO?

Possono queste perfette coincidenze essere attribuite al caso? Dopotutto, gli studiosi di probabilità statistiche affermano che qualsiasi tiro di qualsiasi cosa, prima o poi colpisce il bersaglio; basta avere pazienza. E, contro le forti probabilità negative, le lotterie alla fine vengono vinte da qualcuno.

Quindi, quali sono le probabilità che l'esistenza della vita umana sia avvenuta per caso; generata da un'esplosione atomica casuale nella storia cosmica?

La probabilità che la vita umana sia nata per caso, come effetto di un Big Bang, sfida le leggi della probabilità. Gli astronomi calcolano le probabilità essere meno di 1 probabilità in trilioni di miliardi. Come dire che sarebbe molto più facile per una persona cieca, riuscire a scoprire, con un solo tentativo, un granello di sabbia appositamente contrassegnato, cercando in tutte le spiagge del mondo.

Anche la scienza statistica si arrende, e dice che le probabilità tendono a zero. O che sono zero.

Un altro simpatico esempio di come sarebbe improbabile che un Big Bang casuale sia stato in grado di produrre la vita è quello di una persona che vince oltre mille lotterie consecutive, tutteda un miliardo di euro ciascuna, dopo aver acquistato un solo biglietto per ciascuna lotteria. Quale sarebbe la vostra reazione a una simile notizia? Forse direste che è impossibile. O meglio, forse direste: "Impossibile; a meno che l'estrazione non sia stata pilotata da qualcuno, che abbia agito dietro le quinte".

E questo è ciò che alcuni scienziati sono oggi portati a concludere: "qualcuno dietro le quinte ha progettato e creato l'Universo e la Vita in esso".

Questa nuova comprensione di quanto sia miracolosa la vita nel nostro universo ha portato l'astronomo agnostico George Greenstein a chiedersi: "È possibile che improvvisamente, senza volerlo, ci siamo imbattuti nella prova scientifica dell'esistenza di un Essere Supremo?". Tuttavia, come agnostico, Greenstein tiene duro, e mantiene la sua fede nella Scienza, piuttosto che in un Creatore, per spiegare le nostre origini.

Robert Jastrow, dal canto suo, ci spiega perché molti scienziati siano riluttanti ad accettare, per l'Universo, un Creatore trascendente: è per motivi "religiosi". "C'è infatti una specie di religione anche nella scienza; è la religione di una persona che deve per forza ammettere che ci sia ordine e armonia nell'Universo. E accade che, come detto prima, questa fede religiosa dello scienziato venga in qualche modo violata dalla scoperta che il mondo abbia avuto un inizio in condizioni in cui le leggi conosciute della fisica danno probabilità vicine allo zero. E che, sia l'Universo, che la Vita in esso, appaiano come un prodotto di forze o circostanze che non possiamo quindi descrivere in maniera puramente scientifica. E quando ciò accade, lo scienziato si rende conto di aver perso il controllo della Scienza. Non solo, ma si rende conto che se dovesse davvero esaminare le implicazioni di questa scoperta, ne sarebbe traumatizzato.

È comprensibile quindi il motivo per cui scienziati come Greenstein e Hawking cerchino altre spiegazioni, piuttosto che attribuire il nostro universo, "finemente sintonizzato", a un Creatore. Hawking ipotizza che possano esistere altri universi invisibili a noi (e comunque non dimostrabili), aumentando così le probabilità che uno di essi (il nostro) sia perfettamente messo a punto per la creazione della vita. Tuttavia, poiché la sua proposta è speculativa e al di fuori della verifica, difficilmente può essere definita "scientifica". Anche un altro agnostico, l'astrofisico britannico Paul Davies considera l'idea di Hawking troppo speculativa. E scrive: "Tale convinzione deve basarsi su una "fede" (sic!) piuttosto che sull'osservazione".

Sebbene Hawking abbia continuato per anni a guidare incarichi ricercando spiegazioni puramente scientifiche per le nostre origini, altri scienziati, tra cui molti agnostici, hanno riconosciuto quelle che sembrano essere prove schiaccianti per un Creatore. Il fisico-matematico-astronomo inglese Fred Hoyle ha scritto, "Un'interpretazione di buon senso dei fatti suggerisce che un superintelletto si sia cimentato con la fisica, con la chimica e la biologia; per produrre l'Universo e la Vita. E che non ci siano misteriose forze su cui valga la pena di speculare per produrre spiegazioni."

Sebbene Einstein non fosse religioso e non credesse in un Dio Creatore, dichiarò egli stesso, comunque, la possibilità che ci sia "il genio dietro l'Universo: un'intelligenza di tale superiorità che, rispetto ad esso, tutto il pensiero sistematico di indagine, in merito, contiene riflessioni assolutamente insignificanti . "

L'ateo Christopher Hitchens, che ha trascorso gran parte della sua vita scrivendo e discutendo contro Dio, è rimasto comunque sempre perplesso dal fatto che la vita non potrebbe esistere se le cose fossero diverse solo per "un capello".

E Davies riconosce: "Esistono per me, alla fine dei discorsi scientifici, evidenti potenti prove che ci sia qualcosa dietro a tutto ciò. Sembra che qualcuno abbia messo a punto i numeri della natura per rendere l'Universo possibile... L'impressione che ci sia un Progetto "voluto" è travolgente".

DNA: il linguaggio della vita

L'astronomia non è l'unica area in cui la scienza può aver visto prove di un "Progetto". I biologi molecolari hanno scoperto un design estremamente complesso nel mondo microscopico del DNA. Nel secolo scorso, gli scienziati hanno infatti trovato che una minuscola molecola chiamata DNA è il "cervello" dietro ogni cellula del nostro corpo e di ogni altra cosa vivente.

Tuttavia, più scoprono del DNA, più si meravigliano della intelligenza che c'è dietro.

Gli scienziati che credono che il mondo materiale sia tutto ciò che esista (i materialisti), come Richard Dawkins, sostengono che il DNA si sia evoluto per selezione naturale; senza un Creatore. Eppure anche gli evoluzionisti più ardenti ammettono che l'origine della "enorme complessità" del DNA sia inspiegabile.

L'intricata complessità del DNA ha indotto il suo co-scopritore, Francis Crick, a credere infatti che non avrebbe mai potuto originarsi sulla terra naturalmente. Crick, è un evoluzionista che crede addirittura che la vita sia troppo complessa per aver avuto origine sulla terra, e che dovrebbe provenire dallo spazio; infatti ha scritto: **"Un uomo onesto, armato di tutte le conoscenze oggi a nostra disposizione, potrebbe solo affermare che l'origine della vita sia un miracolo. Tante sono le condizioni che avrebbero dovuto essere soddisfatte per generarla."**

La codifica dietro il DNA rivela una tale intelligenza da sconcertare l'immaginazione. Una piccola frazione di DNA contiene informazioni equivalenti a una pila di libri che circonderebbe la terra 5.000 volte. E il DNA opera come un linguaggio con un proprio codice software estremamente complesso. Bill Gates afferma che il software del DNA è "molto, molto più complesso di qualsiasi altro software che abbiamo mai sviluppato."

Dawkins e altri materialisti credono che tutta questa complessità sia nata dalla selezione naturale. Tuttavia, come ha osservato Crick, la selezione naturale non avrebbe mai potuto produrre la prima molecola. Molti scienziati ritengono che la codifica all'interno della molecola del DNA indichi un'intelligenza che supera di gran lunga ciò che avrebbe potuto verificarsi per cause naturali.

All'inizio del XXI secolo, l'ateismo di Antony Flew cessò bruscamente quando egli studiò il DNA. Flew spiega cosa cambiò la sua opinione: "Quello che penso che il materiale del DNA abbia fatto, è mostrare che per forza una intelligenza deve essere stata coinvolta nel mettere insieme elementi straordinariamente diversi. L'enorme complessità con cui sono stati raggiunti i risultati mi sembra senza dubbio il lavoro di una intelligenza". Quindi, sebbene Flew non fosse un credente, ammise che il "software" dietro il DNA è troppo complesso per essere nato senza un "Progettista".

E queste affermazioni ci conducono al prossimo paragrafo..

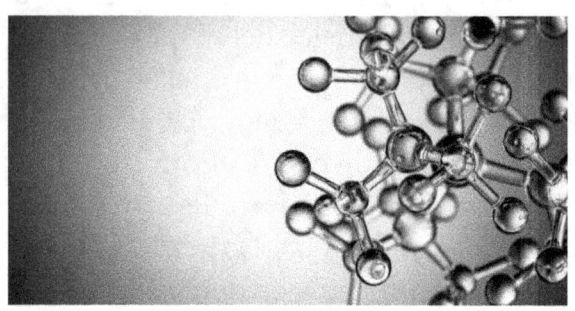

Come si è evoluta la vita dalla materia non vivente e come collaborano chimica e fisica.

Per il suo primo mezzo miliardo di anni, la Terra era senza vita. Poi la vita ha preso piede e da allora ha prosperato. Ma come è nata la vita? Prima dell'inizio dell'evoluzione biologica, gli scienziati ritengono che ci sia stata un'evoluzione chimica, con semplici molecole inorganiche che reagivano per formare molecole organiche complesse, molto probabilmente negli oceani. Ma cosa ha dato il via a questo processo

314

in primo luogo?

Il fisico del MIT Dr. Jeremy England ha recentemente avanzato una teoria che tenta di spiegare l'origine della vita in termini di principi fondamentali della fisica. In questa prospettiva, **la vita è il risultato inevitabile dell'aumento dell'entropia.** Se la teoria è corretta, l'arrivo della vita "non dovrebbe essere sorprendente come le rocce che rotolano in discesa", ha affermato sulla rivista Quanta, nel 2014.

L'idea è altamente speculativa. Tuttavia, recenti simulazioni al computer potrebbero fornirgli supporto. Le simulazioni mostrano che le normali reazioni chimiche (del tipo che sarebbe stato comune sulla Terra appena formata) possono portare alla creazione di composti altamente strutturati - apparentemente un trampolino di lancio cruciale sul percorso verso gli organismi viventi.

Una volta che la vita ha messo radici sul nostro pianeta, circa quattro miliardi di anni fa, si è diffusa ovunque. **Ma come la vita si sia evoluta dalla materia non vivente rimane un mistero.**

Cosa rende la vita così difficile da studiare per i fisici? **Tutto ciò che è vivo è "lontano dall'equilibrio", come direbbe un fisico.** In un sistema in equilibrio, un componente è praticamente uguale a tutti gli altri, senza flusso di energia in entrata o in uscita. (Una roccia sarebbe un esempio; una scatola piena di gas è un altro). La vita è esattamente l'opposto. Una pianta, ad esempio, assorbe la luce solare e usa la sua energia per creare complesse molecole di zucchero mentre irradia il calore nell'ambiente.

La comprensione di questi sistemi complessi "è il grande problema irrisolto in fisica", afferma Stephen Morris, un fisico dell'Università di Toronto. "Come affrontiamo questi sistemi lontani dall'equilibrio che si auto-organizzano in cose sorprendenti e complesse, come la vita?"

Come si formano le molecole?

Le strutture molecolari saranno anche un classico dei corsi di scienze delle scuole superiori, ma la familiare immagine di sfere e bastoncini che rappresentano gli atomi e i legami tra loro è in larga misura una convenzione.

Il guaio è che non c'è accordo fra gli scienziati su come dovrebbe essere una rappresentazione più accurata delle molecole.

Negli anni venti i fisici Walter Heitler e Fritz London mostrarono come descrivere un legame chimico con le equazioni dell'allora nascente teoria dei quanti, e il grande chimico statunitense Linus Pauling propose che i legami si formano quando gli orbitali di atomi diversi si sovrappongono nello spazio. Una teoria alternativa, elaborata da Robert Mulliken e Friedrich Hund, ipotizzò che i legami fossero il risultato di una fusione degli orbitali atomici in «orbitali molecolari» che si estendono su più di un atomo. La chimica teorica sembrava sul punto di diventare una branca della fisica.

Quasi cent'anni dopo, l'immagine degli orbitali molecolari è diventata la più comune, ma ancora non c'è consenso unanime fra i chimici sull'idea che sia sempre il modo migliore di vedere le molecole. Il motivo è che questo e ogni altro modello delle molecole sono basati su ipotesi semplificatrici, e quindi sono descrizioni parziali e approssimative.

Nella realtà, un molecola è un gruppo di nuclei atomici avvolto in una nube di elettroni, con forze elettrostatiche opposte impegnate in un costante tiro alla fune, con tutti i vari costituenti che si muovono costantemente e si dispongono senza sosta in nuove configurazioni. I modelli attuali cercano di cristallizzare queste entità così dinamiche in forme statiche, e potrebbero cogliere alcune delle loro proprietà salienti, ma ne trascurano altre.

La teoria quantistica non riesce a dare una definizione univoca dei legami in accordo con le intuizioni dei chimici che ogni giorno lavorano per rompere e formare legami.

Ormai ci sono molti modi di descrivere le molecole come atomi uniti da legami. Secondo Dominik Marx, chimico quantistico dell'Università della Ruhr a Bochum, in Germania; queste descrizioni «sono utili in alcuni casi ma falliscono in altri».

Con le simulazioni è diventato possibile calcolare con precisione la struttura e le proprietà delle molecole a partire dai principi della meccanica quantistica per numeri relativamente piccoli di elettroni. «La chimica computazionale può essere spinta fino a un livello di assoluto realismo e complessità», dice Marx.

Come risultato, è sempre più possibile considerare i calcoli al computer come esperimenti virtuali grazie a cui prevedere i risultati delle reazioni. Tuttavia, una volta che il sistema da simulare coinvolge più di qualche decina di elettroni, il peso dei calcoli supera rapidamente le capacità anche dei supercomputer più potenti.

La sfida quindi sarà capire come aumentare la scala delle simulazioni per vedere, per esempio, se sarà possibile ottenere modelli di complicati processi biomolecolari cellulari o di materiali complessi.

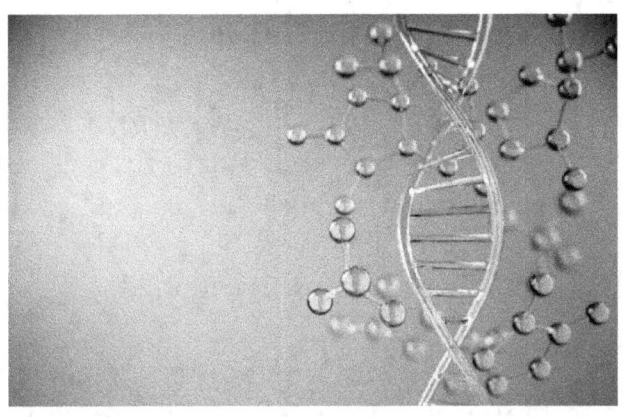

L'Epigenetica

È ormai chiaro che oltre al codice genetico le cellule parlano un altro linguaggio chimico del tutto separato: **il linguaggio dell'epigenetica.**

L'epigenetica è una branca relativamente giovane della genetica. Sembrerebbe, infatti, che l'ereditarietà non sia solamente ricollegabile al DNA come unica informazione genica tramandata dai genitori ai figli. Secondo uno studio pubblicato sulla rivista Science nel 2017, i **fattori epigenetici permettono alle cellule di regolare la propria espressione genica senza che venga alterata effettivamente la sequenza del DNA.** Questo rappresenta una decisiva svolta nel mondo della biologia perché significa che, sebbene i gameti siano epigeneticamente riprogrammati dopo la fecondazione per stabilire la totipotenza (capacità della cellula di svilupparsi in un intero organismo), i cambiamenti della cromatina indotti dall'ambiente nella linea germinale possono essere ereditati e influenzare la prole. Ma cos'è l'epigenetica? Qual è il ruolo dell'ambiente sul nostro genoma?

La parola epigenetica significa letteralmente **"oltre ai cambiamenti nella sequenza genetica"**. Il termine si è evoluto per includere qualsiasi processo che altera l'attività genica senza modificarne la sequenza del DNA, portando a modifiche che possono essere trasmesse alle cellule figlie.

Sono molti i meccanismi epigenetici che sono stati identificati, tra cui metilazione e acetilazione del DNA. Questi processi possono portare a una significativa modifica della cromatina. La cromatina è il complesso di proteine e DNA in cui è organizzato il genoma cellulare. Questo complesso può essere modificato da sostanze come gruppi acetilici (in questo caso il processo è chiamato acetilazione), gruppi metilici, enzimi e alcune forme di RNA come microRNA e piccoli RNA interferenti. Questa modifica altera la struttura della cromatina e comporta un cambiamento nell'espressione genica. In generale, la cromatina maggiormente ripiegata tende ad essere non espressa mentre la cromatina più aperta è funzionale (o espressa).

Partendo da queste considerazioni, potremmo dire che il nostro corpo contiene differenti tipi di cellule che, nonostante abbiano uno stesso punto di partenza (tutte hanno lo stesso genoma), durante il loro sviluppo tendono a far "tacere" in modo selettivo un certo numero di geni. Questo silenziamento è regolato dai fattori epigenetici che permettono di dare differenti interpretazioni di quella che è, di fatto, un'unica informazione genica. Così possiamo dire che, in sostanza, **l'epigenetica studia i cambiamenti nella trascrizione del nostro DNA che portano a sviluppare le tante differenze cellulari.**

L'epigenetica va quindi oltre il patrimonio genetico

Ognuno di noi ha un patrimonio genetico che viene conservato nel DNA. Fino a qualche anno fa si credeva che l'unità ereditaria fondamentale, ovvero il gene, venisse regolato per la sua attivazione o repressione solo durante lo sviluppo embrionale. Adesso, invece, sappiamo che la metilazione del DNA può cambiare anche nei neuroni maturi, dimostrando che ci sono segnali cellulari diretti dagli stimoli ambientali. Nei piccoli di ratto si è visto che alti livelli di cure materne corrispondono a una demetilazione del gene del recettore dei glicocorticoidi nell'ippocampo, con un incremento a lungo termine dei livelli di trascrizione. Questo comporta che nell'adulto ci siano maggiori quantità del recettore e ciò si traduce in un fenotipo caratterizzato da ridotti livelli di stress.

Un altro interessante esempio dell'importanza dell'epigenetica risiede nello studio sociobiologico delle formiche appartenenti a diverse caste: in questo studio, somministrando inibitori di HDAC di classe I e II, è possibile fare in modo che le formiche che appartengono alla *casta dei soldati* adottino invece il comportamento tipico delle formiche operaie. Questo cambiamento è inoltre influenzabile dall'età: la somministrazione della sostanza a formiche già adulte, infatti, non provoca alcuna alterazione del comportamento. Questo perchè esiste una **"finestra di vulnerabilità epigenetica"**, evidentemente legata al periodo di massima plasticità cerebrale.

Nell'uomo i fattori ambientali che possono influire sullo stato epigenetico possono essere divisi in: **alimentazione, ambiente socio-economico, trattamenti farmacologici e abitudini di vita.**

lo stile di vita influenza quindi il nostro DNA

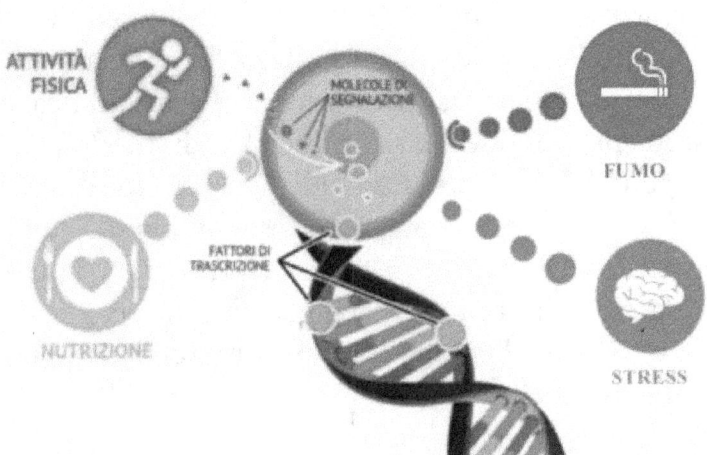

Epigenetica

Lo stile di vita influenza il nostro DNA
[upbiotech.wordpress.com]

Progetto epigenoma umano.

Grazie all'avanzamento della biologia oggi abbiamo a disposizione una mappatura del genoma umano che ci ha fornito molte informazioni. Nonostante ciò, **processi legati al differenziamento cellulare, all'espressione genica e alla comparsa dei tumori restano ancora "inspiegabili".**

Nel dicembre 2005 un gruppo di 40 scienziati internazionali ha proposto un progetto dal nome

"**Human Epigenome Project**" in cui, in aggiunta ai dati relativi alle sequenze di DNA, molta attenzione fu rivolta al profilo della metilazione del DNA, che è implicata in alcuni tipi di cancro. L'obiettivo del progetto statunitense è stato quello di mappare in modo completo la metilazione e le modificazioni istoniche, le due classi principali di modificazioni epigenetiche, in un insieme diversificato di tessuti normali. Questi epigenomi servirebbero, quindi, come riferimento per il confronto con i tessuti malati. In questo modo l'epigenetica può rivelarsi più importante della genetica per comprendere le cause ambientali della malattie.

Stato attuale e futuro dell'epigenetica.

Le prove accumulate da diversi studi indicano che molti geni, malattie e sostanze ambientali fanno parte del quadro epigenetico. In particolare, i "segni epigenetici" subiscono una deriva significativa durante l'invecchiamento. Questa perturbazione può, in qualche modo, portare alla perdita dei punti di riferimento della cromatina causando, poi, malattie che sono sempre più associate all'avanzare dell'età. Di fatto, avviene una perdita del normale equilibrio tra il meccanismo di regolazione e la plasticità fenotipica di risposta ai segnali ambientali interni ed esterni. **Una migliore comprensione della deriva epigenetica, soprattutto quando associata all'età,** ci consentirà di manipolare l'epigenoma: queste sono enormi promesse che potrebbero, in futuro, portare alla prevenzione e a un migliore trattamento delle malattie.

Questi studi hanno avuto importanti riscontri anche in ambito psicoterapeutico. In particolare, dagli studi sui disturbi del neuro-sviluppo è noto che il sistema nervoso sia sensibile agli stimoli ambientali che, nella loro interazione negativa, possono essere la causa di **problematiche ricollegabili al linguaggio, alla comunicazione, all'apprendimento, all'attenzione e all'iperattività.**

Proprio in questo contesto si inserisce la chiave di lettura dell'epigenetica. E ci definisce l'importanza di integrare nozioni genetiche ed epigenetiche al fine di capire meglio come le scelte di tutti i giorni e la nostra storia familiare possano cambiare profondamente ciò che siamo.

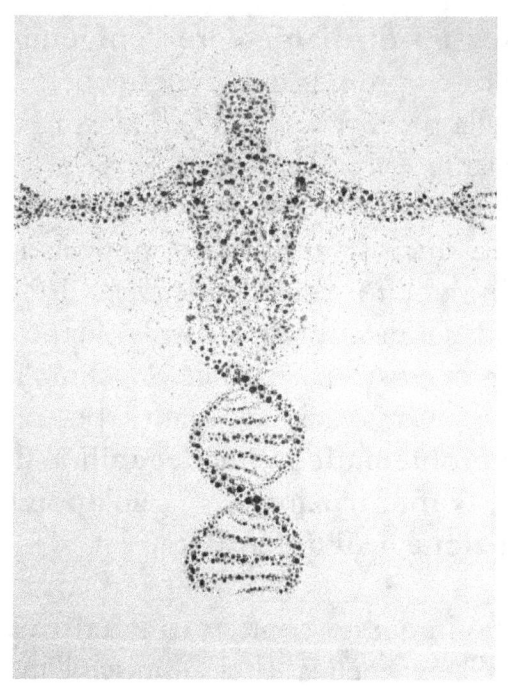

I geni e la questione chimica

Secondo la vecchia idea della biologia, quello che siamo dipende dai geni che abbiamo. Oggi però è chiaro che c'è un altro aspetto ugualmente importante: quali geni usiamo. Come per tutta la biologia, **al centro della questione c'è la chimica.**

Le cellule di un embrione ai primi stadi possono sviluppare qualsiasi tessuto. Via via che l'embrione cresce, però, queste «cellule staminali pluripotenti» si differenziano e acquisiscono ruoli e caratteristiche specifiche (diventando per esempio cellule ematiche, muscolari o nervose), che poi restano fisse nella loro progenie. La formazione del corpo umano è una questione che riguarda modifiche chimiche nei cromosomi delle cellule staminali, che alterano i gruppi di geni che vengono accesi o spenti.

Una delle rivoluzionarie scoperte delle ricerche sulla clonazione e sulle staminali è che queste modifiche sono reversibili, e possono essere influenzate dalle esperienze vissute dal corpo. Nel corso del differenziamento le cellule non disattivano i geni in modo permanente e mantengono funzionali solo i geni di cui hanno bisogno. I geni spenti, invece, mantengono una latente capacità di funzionamento – dare il via alla sintesi delle proteine per cui codificano – e possono essere riattivati, per esempio dall'esposizione a certe sostanze che si trovano nell'ambiente.

Per i chimici, la cosa più entusiasmante e impegnativa è che il controllo dell'attività dei geni sembra coinvolgere eventi chimici che avvengono a scale superiori a quella di atomi e molecole, la cosiddetta «mesoscala», con l'interazione di gruppi e complessi di molecole di grandi dimensioni. La cromatina, cioè la combinazione di DNA e proteine che compone i cromosomi, ha una struttura gerarchica. La doppia elica è avvolta intorno a particelle cilindriche fatte di proteine, chiamate istoni, e questa collana di perline si ripiega poi in strutture di ordine superiore ancora poco chiare. Le cellule esercitano un forte controllo su questo impacchettamento: come e dove un gene è impacchettato nella cromatina potrebbe determinare se quel gene è attivo o meno.

Le cellule hanno enzimi specializzati per rimodellare la struttura della cromatina e questi enzimi hanno un ruolo centrale nel differenziamento cellulare. Nelle staminali embrionali la cromatina ha una struttura assai meno compatta e aperta: via via che alcuni geni passano a uno stato inattivo, la cromatina diventa sempre più granulosa e organizzata. «La cromatina sembra fissare e mantenere, o stabilizzare, lo stato delle cellule», dice il patologo Bradley Bernstein, del Massachusetts General Hospital.

Per di più, questo tipo di rimodellamento della cromatina è accompagnato da modifiche chimiche sia del DNA sia degli istoni. Piccole molecole legate a queste macromolecole hanno la funzione di etichette che dicono al macchinario cellulare di silenziare certi geni oppure di liberarli affinché entrino in azione. **Questa etichettatura è detta epigenetica perché non altera l'informazione trasportata dai geni.**

Fino a che punto sia possibile riportare cellule mature allo stato di pluripotenza – se cioè queste valgano quanto le cellule staminali vere, questione essenziale per la medicina rigenerativa – sembra dipendere in larga misura da quanto a fondo si potranno azzerare i marcatori epigenetici.

È ormai chiaro, come abbiamo visto anche nel precedente paragrafo, che, oltre al codice genetico, in cui sono espresse molte delle istruzioni essenziali, le cellule parlano un altro linguaggio chimico della genetica, del tutto separato: il linguaggio dell'epigenetica. «I singoli individui possono avere una predisposizione genetica per molte malattie, cancro compreso, ma se le malattie si manifesteranno o meno dipenderà spesso da fattori ambientali che agiscono attraverso queste vie epigenetiche», spiega il genetista Bryan Turner dell'Università di Birmingham, nel Regno Unito.

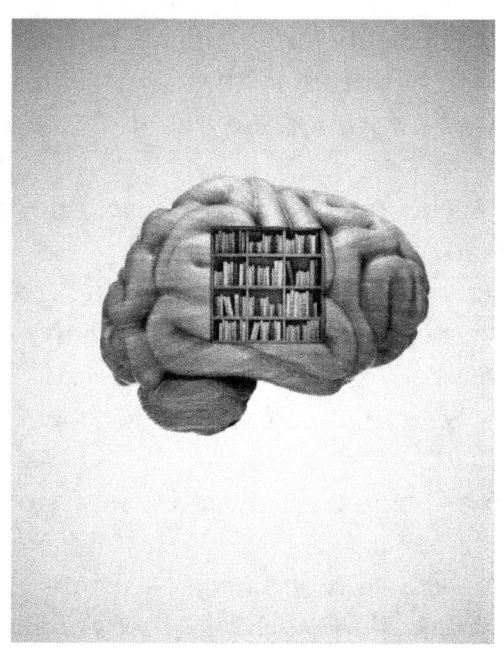

Come pensa e come ricorda il cervello? La chimica della memoria.

Il cervello è un computer chimico. Le interazioni tra i neuroni che formano i suoi circuiti sono mediate da molecole, i neurotrasmettitori, che attraversano le sinapsi, i punti di collegamento tra cellule nervose.

Questa chimica della mente tocca forse il livello più straordinario nel funzionamento della memoria, in cui principi e concetti astratti – dai numeri di telefono alle associazioni emotive – sono impressi negli stati di una rete neurale mantenuta da segnali chimici. Come fanno gli eventi chimici a creare ricordi duraturi e dinamici al tempo stesso, e in grado di esser richiamati, modificati e dimenticati?

Alcune parti della risposta le conosciamo. Nel caso dei riflessi abituali l'apprendimento è attivato da una cascata di processi biochimici che conduce all'alterazione della quantità dei vari trasmettitori nelle sinapsi. Ma anche questo semplice aspetto dell'apprendimento è suddiviso in stadi, a breve e a lungo termine. Nel frattempo un tipo più complesso di memoria, che chiamiamo **memoria dichiarativa** (e che riguarda persone, luoghi e così via), agisce in modo diverso in aree differenti del cervello e coinvolge l'attivazione di una proteina, il recettore NMDA, in particolari neuroni. Il blocco di questo recettore con farmaci specifici impedisce il consolidamento di molti tipi di memoria dichiarativa.

Le nostre memorie dichiarative quotidiane sono spesso codificate attraverso un processo, il potenziamento a lungo termine, in cui sono coinvolti i recettori NMDA e che è accompagnato da un'espansione della regione neuronale che forma la sinapsi. Con la crescita della sinapsi aumenta anche la «forza» delle sue connessioni con le cellule vicine, cioè la tensione indotta alla giunzione sinaptica dagli impulsi nervosi in arrivo. La biochimica di questo processo è stata chiarita con un lavoro durato parecchi anni e coinvolge la formazione all'interno del neurone di filamenti di actina, una proteina che fa parte della struttura di sostegno della cellula e del materiale che determina forma e dimensioni cellulari. Ma se determinati agenti biochimici impediscono la stabilizzazione dei filamenti appena formati il processo può essere azzerato per un breve periodo prima che la modifica della sinapsi si consolidi.

Una volta codificata, la memoria a lungo termine per l'apprendimento, sia semplice che complesso, è mantenuta dall'accensione di geni che codificano per particolari proteine. Sembra che il processo possa coinvolgere i **prioni, proteine che possono passare dall'una all'altra di due conformazioni diverse.** In una delle due conformazioni il prione è solubile, mentre nell'altra è insolubile e agisce da catalizzatore che induce altre molecole analoghe a passare allo stato insolubile, portandole ad aggregarsi fra loro. La scoperta iniziale dei prioni è legata al loro ruolo in malattie neurodegenerative come la malattia di Creutzfeldt-Jacob, o morbo della mucca pazza, ma si è scoperto che i meccanismi basati sui prioni hanno anche funzioni positive: la formazione di un aggregato di prioni marca una particolare sinapsi affinché mantenga un ricordo.

Ci sono ancora larghi vuoti nella ricostruzione del funzionamento della memoria, e molti attendono di essere colmati con dettagli di tipo chimico.

In che modo, per esempio, sono richiamati i ricordi immagazzinati? «Questo è un problema profondo, e la sua analisi è appena agli inizi», dichiara Eric Kandel, premio Nobel e neuroscienziato della Columbia University.

Chiarire in dettaglio la chimica della memoria offre l'affascinante e controversa prospettiva del potenziamento farmacologico. Già conosciamo alcune sostanze capaci di potenziare la memoria, tra cui gli ormoni sessuali, che agiscono sui recettori per nicotina, glutammato, serotonina e altri neurotrasmettitori. In effetti, secondo il neurobiologo Gary Lynch, dell'Università della California a Irvine, la complessa sequenza di tappe che conduce infine all'apprendimento e alla memoria a lungo termine suggerisce che ci siano numerosi potenziali bersagli per questi farmaci della memoria.

Siamo gli alchimisti dell'Universo?

La tavola periodica appesa alle pareti delle aule scolastiche deve costantemente essere aggiornata perché il numero degli elementi chimici continua ad aumentare.

Grazie agli acceleratori di particelle, gli scienziati possono infatti creare "nuovi tipi di materia", nuovi elementi «superpesanti», nel cui nucleo ci sono più protoni e neutroni rispetto a quelli dei 92 elementi circa che si trovano in natura.

Questi nuclei così congestionati non sono molto stabili, quindi decadono radioattivamente, spesso in una frazione di secondo. Ma durante il breve periodo della loro vita i nuovi elementi sintetici come il **seaborgio** (elemento numero 106) e l'**assio** (numero 108) sono come tutti gli altri, nel senso che hanno proprietà chimiche ben definite. Con alcuni straordinari esperimenti, i ricercatori hanno studiato alcune di queste proprietà in una manciata appena di elusivi atomi di seaborgio e di assio proprio nei brevissimi istanti in cui sono esistiti prima di disintegrarsi.

Nell'esplorare i limiti fisici della tavola periodica, le ricerche ne sondano anche l'impianto concettuale: gli elementi superpesanti continuano a esibire le stesse tendenze e regolarità di comportamenti chimici che hanno portato a costruire la tavola periodica, oppure no?

La risposta è che alcuni lo fanno, ma altri no. In particolare, questi nuclei così massicci trattengono i loro elettroni con tanta forza che gli elettroni più interni si muovono a velocità vicine a quella della luce. Gli effetti previsti dalla teoria speciale della relatività fanno quindi crescere la massa degli elettroni, e possono sconvolgere gli stati energetici quantistici da cui dipendono le loro proprietà chimiche, e quindi la periodicità della tavola.

Dato che si ritiene che i nuclei siano stabilizzati da particolari «numeri magici» di protoni e neutroni, alcuni ricercatori sperano di trovare quella che chiamano «isola di stabilità», cioè una regione che sarebbe un po' oltre le attuali capacità di sintesi degli elementi e in cui esisterebbero elementi superpesanti a vita più lunga. Ma c'è qualche limite fondamentale alle loro dimensioni?

Alcuni calcoli fanno pensare che la teoria della relatività vieti che gli elettroni possano legarsi a nuclei con più di 137 protoni. Ma altri calcoli, più sofisticati, sfidano questo limite. «Il sistema periodico non finirà con il numero 137. Anzi, non finirà mai», insiste il fisico Walter Greiner della Goethe-Universität di Francoforte.

Ma la possibilità di provare questa affermazione per via sperimentale rimane ancora molto lontana.

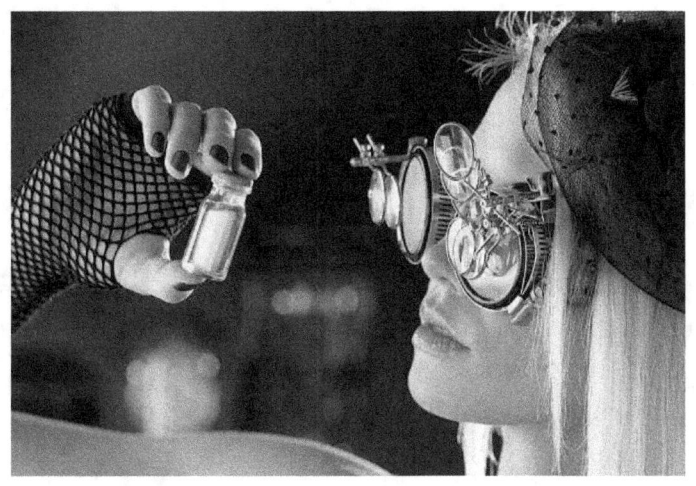

Possiamo creare farmaci di nuovo tipo?

L'attività principale dei chimici è di natura pratica e creativa al tempo stesso: fabbricare molecole, la chiave per creare ogni cosa, da nuovi materiali a nuovi antibiotici che possano sconfiggere l'avanzata dei batteri resistenti. Una grande speranza degli anni novanta è stata la chimica combinatoria, in cui si fabbricano migliaia di nuove molecole combinando a caso «unità di base» (ovvero altre molecole), e poi le si analizza per trovare quali funzionano bene per un determinato scopo. Salutata a suo tempo come il futuro della chimica medica, la **chimica combinatoria** è caduta in disgrazia perché ha portato a pochi prodotti che fossero in qualche modo utili.

Però è possibile che questo approccio conosca una seconda fase, più luminosa. Le probabilità che funzioni sembrano buone solo se si sintetizza una gamma di molecole abbastanza ampia e si trova un buon modo per identificare le poche molecole utili. In questo caso potrebbero essere d'aiuto le biotecnologie: ciascuna molecola, per esempio, potrebbe essere legata a un «codice a barre» a base di DNA, che servirebbe sia per identificarla sia come aiuto per l'estrazione. Oppure i ricercatori potrebbero sfruttare batteri o addirittura cellule umane in provetta per identificare, attraverso una selezione di tipo darwiniano, composti che producono gli effetti desiderati.

Altre tecniche si ispirano alla maestria della natura nell'unire frammenti molecolari che formano strutture determinate. Le proteine, per esempio, hanno una precisa sequenza di aminoacidi dettata dai geni da cui sono codificate. Ispirandosi a questo modello, i chimici del futuro potrebbero programmare molecole che si assemblano da sole. L'approccio avrebbe il vantaggio di essere «verde», nel senso che ridurrebbe i sottoprodotti indesiderati tipici dei tradizionali processi produttivi della chimica, con i relativi sprechi di energia e materiali.

Insieme ai suoi collaboratori, David Liu della Harvard University sta seguendo questo approccio. Ha etichettato le molecole che hanno la funzione di unità di base con corti filamenti di DNA in cui è programmata la struttura di un elemento di collegamento. Inoltre hanno sintetizzato una molecola che si sposta lungo questo DNA, leggendo i relativi codici e legando le piccole molecole in modo sequenziale al blocco costitutivo, con l'obiettivo di realizzare la struttura di collegamento stessa. Si tratta un processo analogo a quello della sintesi proteica nella cellula vivente. «Molti ricercatori che studiano le scienze della vita a livello molecolare ritengono che le macromolecole avranno un ruolo sempre più centrale, se non dominante, nelle terapie del futuro», afferma Liu.

L'attività principale dei chimici è pratica e creativa al tempo stesso: fabbricare molecole, la chiave per creare ogni cosa

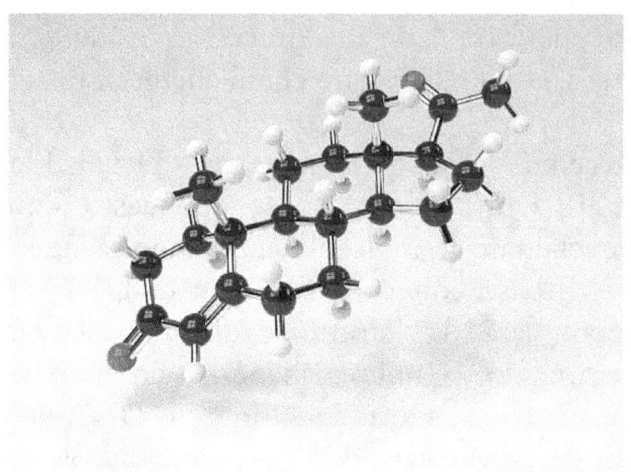

Possiamo monitorare la chimica del corpo?

Sempre più spesso, i chimici non si accontentano più di fabbricare molecole ma vorrebbero anche comunicare con l'oggetto delle loro ricerche. Questa visione vorrebbe **fare della chimica una tecnologia basata sull'informazione in grado di interfacciarsi con qualsiasi cosa, dalle cellule viventi ai computer e alle telecomunicazioni a fibre ottiche.**

In parte si tratta di una vecchia idea: i biosensori che sfruttano reazioni chimiche per sapere quale sia la concentrazione del glucosio nel sangue risalgono agli anni sessanta, anche se solo di recente il loro uso per il monitoraggio del diabete è diventato economico, portatile e ampiamente diffuso. I sensori chimici possono avere innumerevoli applicazioni: per esempio possono individuare contaminanti nel cibo e nell'acqua anche a concentrazioni estremamente basse, o ancora possono monitorare inquinanti e gas in traccia presenti nell'atmosfera. Avere a disposizione sensori chimici più rapidi, più sensibili e più diffusi rispetto a quelli attuali porterebbe a importanti progressi in tutti questi campi.

È in campo biomedico, però, che un nuovo tipo di sensori avrebbe il potenziale più spettacolare. **Alcuni prodotti di geni legati al cancro, per esempio, circolano nel flusso sanguigno già molto prima che la relativa condizione patologica diventi visibile** mediante i normali esami clinici. Un'individuazione precoce di queste sostanze potrebbe rendere le prognosi più rapide ed esatte. La possibilità di delineare in modo rapido i profili genomici consentirebbe di adattare le terapie farmacologiche ai singoli pazienti, riducendo così i rischi di effetti collaterali e permettendo l'uso anche di farmaci che oggi si evitano perché pericolosi per piccoli gruppi di pazienti dalla costituzione genetica particolare.

Alcuni chimici prevedono di arrivare al monitoraggio continuo e non invasivo di ogni genere di marcatore biochimico dello stato di salute e delle malattie, forse per dare informazioni in tempo reale ai chirurghi in camera operatoria o per sistemi automatizzati di somministrazione mirata di farmaci. Questa visione avveniristica dipende dallo sviluppo di metodi chimici con cui rilevare in modo continuo e selettivo particolari sostanze e con cui inviare le relative informazioni, anche quando la molecola bersaglio si trova solo a concentrazioni estremamente basse.

Conclusioni sull'origine della vita

Per far luce sulla questione DELL'ORIGINE DELLA VITA è necessario quindi effettuare più simulazioni in laboratorio e svolgere più studi; anche in ambienti vulcanici, zone tidali, argille e superfici minerali. Si pensa infatti che questi fossero gli ambienti diffusi sulla Terra primordiale.

Probabilmente, però, non arriveremo presto a conclusioni convincenti. Nel caso in cui gli studi non dessero frutti, quindi, il mistero potrebbe restare irrisolti per molto tempo; a meno che non riusciamo a osservare la nascita della vita su un altro pianeta.

E il tema della "vita su altri pianeti" ci introduce

al prossimo capitolo.

CAPITOLO IV

SIAMO SOLI NELL'UNIVERSO? TELETRASPORTO E VIAGGI NEL TEMPO

Come il paradosso di Fermi tenta di risolvere la questione della nostra apparente solitudine nell'universo.

La domanda colloquiale di Fermi, circa nel 1950, sull'apparente mancanza di vita extraterrestre: **"Dove sono?"**, ha acceso un certo dibattito.

Mentre la maggior parte dei libri e dei film di fantascienza ritraggono un universo brulicante di una pletora di specie aliene spaziali, la realtà potrebbe essere abbastanza diversa. Pochi di noi possono guardare in alto nel cielo notturno e non sentire l'enormità del cosmo, e il numero apparentemente infinito di stelle che potrebbero, almeno in teoria, ospitare una moltitudine di civiltà intelligenti. Eppure, finora, i nostri tentativi di identificare i segni di vita extraterrestre hanno portato tutti al nulla di fatto. L'apparente mancanza di vita intelligente osservata nell'universo al di là della Terra, di fronte a quello che sembrerebbe essere un potenziale quasi illimitato per il sorgere di tale vita, è nota come **il paradosso di Fermi.**

Enrico Fermi era un noto fisico italiano che, tra le altre realizzazioni, creò il primo reattore nucleare al mondo e vinse il Premio Nobel per la fisica nel 1938. Nel 1950, durante una conversazione sugli UFO con diversi altri scienziati al Los Alamos National Laboratory, Fermi è rimasto famoso anche per aver chiesto: "Dove sono?" Pur sostenuti da una discussione spensierata, Fermi e altri si resero presto conto della serietà della questione e iniziarono a studiare il problema su diversi livelli. Data l'età dell'universo, anche una specie che ha viaggiato tra le stelle a velocità relativamente basse avrebbe dovuto avere tutto il tempo per diffondersi ampiamente e far sentire la sua presenza. Certo, ad oggi non è stata trovata alcuna risposta alla famosa domanda di Fermi, ma non mancano le teorie per spiegare la nostra apparente solitudine nell'universo.

Possibili spiegazioni al paradosso di Fermi possono essere vagamente divise in due gruppi, concentrandosi su questioni relative a ipotetiche civiltà aliene intelligenti o alla situazione locale degli umani sulla Terra; chiamerò questi due gruppi Loro e Noi, rispettivamente.

Loro

Quando si considera una civiltà aliena intelligente, la parola chiave da tenere a mente è "aliena" , che significa "non come noi".

Orbene, è praticamente impossibile considerare quale potrebbe essere la prospettiva di entrare in contatto con un alieno, se egli stesso non volesse entrare in contatto con noi.

E in questo senso dovremmo forse dire che forse le civiltà aliene non hanno interesse a parlare in primo luogo con altre specie. Quindi, in quanto tale, una specie che non sta tentando attivamente di comunicare potrebbe essere praticamente impossibile da rilevare.

Allo stesso modo, mentre l'umanità è sempre stata una specie in espansione, una razza aliena intelligente potrebbe semplicemente non avere alcun interesse per i viaggi interstellari (tramite navi che trasportano esseri viventi o sonde robotiche.) o potrebbe essere semplicemente impossibile, data la tecnologia che richiederebbe, e le grandi distanze tra le stelle.

Inoltre, mentre gli umani hanno prevalentemente cercato segni di vita aliena utilizzando segnali radio o ottici, le nostre tecnologie potrebbero essere irrimediabilmente primitive, o essenzialmente inutili, per la comunicazione su distanze interstellari. Per dirla in un altro modo, la radio potrebbe semplicemente essere una "moda" tecnologica e alieni intelligenti potrebbero essere passati molto tempo fa ad altre tecnologie a noi sconosciute e superiori per comunicare. Per fare un'analogia, nessuno che conosco usa il codice Morse quando ha un cellulare in tasca: chiunque stia ancora trasmettendo in codice Morse aspetterà a lungo una risposta al proprio SOS.

Inoltre, mentre la vita aliena intelligente potrebbe teoricamente essersi evoluta dozzine, centinaia, migliaia o milioni di volte, potremmo semplicemente essere separati da troppo tempo e distanza per poter entrare in contatto. Una specie che è venuta alla ribalta a 100.000 anni luce dalla Terra sarebbe, a tutti gli effetti, troppo lontana per noi per comunicare in modo significativo. L'equazione di Drake, che consente la stima del numero di specie intelligenti nell'universo, contiene notoriamente una variabile nota come L, che descrive il periodo di tempo in cui una tale civiltà potrebbe essere in grado di comunicare. Il valore di L è stato spesso utilizzato anche come abbreviazione per la durata della vita di una civiltà avanzata, riconoscendo che la civiltà ideale con cui parlare potrebbe essere morta (a causa di guerre, malattie o disastri naturali) milioni o addirittura miliardi di anni fa. Il rovescio della medaglia di questo argomento è che la specie ideale da incontrare potrebbe non venire alla ribalta per eoni, forse anche dopo che gli umani si saranno estinti; è tutta una questione di tempismo.

Noi

Quando si considera l'umanità nel contesto del paradosso di Fermi, la prima cosa che deve essere riconosciuta è la possibilità che siamo, di fatto, soli. Peter Ward, professore di biologia e astronomia all'Università di Washington, Seattle, e Don Brownlee, professore di astronomia anche all'Università di Washington, Seattle, hanno promulgato la cosiddetta ipotesi delle "terre rare", che afferma che mentre la vita microbica può essere onnipresente, la vita complessa e intelligente è probabile che sia estremamente rara nell'universo. Ward e Brownlee hanno affermato che le condizioni che consentono alla vita e all'umanità di sorgere sulla Terra (un'orbita nella zona abitabile del Sole, la presenza di acqua liquida, un sistema solare in gran parte ripulito dai detriti e una grande luna per stabilizzare l'orbita terrestre, per citarne alcuni) possono semplicemente essere rari o così rari da essere funzionalmente unici.

Un'altra possibilità è che possiamo vivere in un "ristagno" galattico senza altra vita aliena nelle nostre vicinanze. Alcuni hanno persino suggerito che gli esseri umani siano intenzionalmente evitati da civiltà aliene intelligenti per permetterci di crescere e svilupparci naturalmente (questa idea è, in modo piuttosto inquietante, nota come "ipotesi dello zoo"). Una versione più inverosimile e difficile da credere di questa idea postula che gli alieni siano già qui, ma solo di nascosto, e la loro presenza ci rimane nascosta.

Pericolo!

Va sottolineato che la comunicazione tra specie intelligenti può essere una cosa intrinsecamente pericolosa, e alcuni suggerirebbero che è meglio lasciarci soli. Mentre infatti è allettante pensare che un'intelligenza aliena sarebbe benevola, potrebbe essere vero il contrario. La storia umana è piena di esempi di culture diverse che entrano in conflitto subito dopo essersi scoperte l'un l'altra, spesso con una delle culture (di solito la meno tecnologicamente avanzata) che diventa, nella migliore delle ipotesi, sottomessa e, nella peggiore, annientata. Molte persone intelligenti potrebbero essere dubbiose all'idea di annunciare la nostra presenza alle stelle tramite radiotelescopio. "Perché dovremmo dire loro che siamo qui? In che modo questo ci aiuterà?" potrebbero chiedere, e potrebbero non avere torto nel loro pensiero.

Per il momento, la soluzione al paradosso di Fermi rimane sconosciuta. Anche se ci sono alcune ipotesi, che illustrerò nei prossimi paragrafi.

Il Grande Filtro: una possibile soluzione al paradosso di Fermi

Ci sono molti ostacoli importanti per diventare una specie interplanetaria, ma uno potrebbe essere più difficile degli altri.

La teoria del Grande Filtro suggerisce che tutta la vita deve superare alcune sfide e almeno un ostacolo è quasi impossibile da superare.

Molte ipotesi sono state proposte per risolvere il paradosso di Fermi, ma tutte rimangono non dimostrate. Negli anni '90, una possibile spiegazione per la nostra apparente solitudine nell'universo fu formulata da Robin Hanson, un postulato che è diventato noto come il **Grande Filtro,**

Gli ostacoli alla vita interplanetaria

In parole semplici, il Grande Filtro afferma che le forme di vita interstellari intelligenti devono prima compiere molti passaggi critici, e almeno uno di questi passaggi **deve** essere altamente improbabile. In effetti, la premessa del Grande Filtro è che c'è almeno un ostacolo così alto che praticamente nessuna specie può eliminarlo e passare al successivo. Ma mentre il termine il Grande Filtro suggerisce l'azione cosciente di una sorta di entità esogena, in realtà, l'ipotesi è più un modo di pensare alla relativa probabilità che determinati eventi accadano - o non accadano - nel loro corso naturale.

Quindi, quali ostacoli di base devono essere eliminati per diventare una civiltà veramente avanzata e in viaggio nello spazio? Hanson ne ha suggeriti alcuni, parafrasati di seguito:

Le sfide più grandi per diventare una civiltà galattica

1. Un pianeta in grado di ospitare la vita deve formarsi nella zona abitabile di una stella.
2. La vita stessa deve svilupparsi su quel pianeta.
3. Quelle forme di vita devono essere in grado di riprodursi, utilizzando molecole come DNA e RNA.
4. Le cellule semplici (procarioti) devono evolversi in cellule più complesse (eucarioti).
5. Gli organismi multicellulari devono svilupparsi.
6. La riproduzione sessuale, che aumenta notevolmente la diversità genetica, deve prendere piede.
7. Gli organismi complessi in grado di utilizzare strumenti devono evolversi.
8. Questi organismi devono creare la tecnologia avanzata necessaria per la colonizzazione dello spazio. (Questo è più o meno dove sono gli umani oggi.)

9. La specie che viaggia nello spazio deve continuare a colonizzare altri mondi e sistemi stellari, evitando di autodistruggersi.

Sebbene gli esseri umani non siano ancora in grado di fare viaggi interstellari in alcun senso significativo (al di là di alcune piccole sonde robotiche come le sonde spaziali Pioneer, Voyager e New Horizons), siamo capaci di radioastronomia avanzata, il che significa che siamo una civiltà relativamente esperta di tecnologia. Ma anche se una civiltà aliena impiegasse la stessa quantità di tempo per compiere i balzi tecnologici che ha fatto l'umanità, data l'età dell'universo, dovrebbero esserci almeno alcune specie interplanetarie che hanno colonizzano la loro intera galassia ormai.

Ma, ancora una volta, gli astronomi non vedono alcuna prova di tali civiltà. Quando guardano le stelle, il silenzio è assordante.

E quindi, forse, l' abiogenesi (la vita derivante dalla mancanza di vita) è selvaggiamente rara. E forse, l'estrema rarità di questo evento, è proprio dovuta al Grande Filtro. In alternativa, forse, può essere comune che la vita sorga spontaneamente, ma che la stragrande maggioranza della vita sugli altri pianeti non riesca a progredire mai oltre i semplici organismi unicellulari. Forse l'universo pullula di batteri, ma i batteri non costruiscono astronavi.

In alternativa, il Grande Filtro potrebbe essere una conseguenza della tecnologia stessa. Forse le civiltà avanzate di solito si autodistruggono, si sono autodistrutte tramite una sorta di tecnologia impazzita, come l'intelligenza artificiale o la nanotecnologia malevola; o una "macchina del giorno del giudizio". L'umanità è già più che capace di autodistruggersi attraverso la guerra termonucleare globale. E purtroppo, è possibile che tali eventi di estinzione siano praticamente inevitabili e molto diffusi in tutto il cosmo.

Il Grande Filtro potrebbe anche essere un evento puramente esterno che non dipende dalla specie che lo subisce, indipendentemente da quanto avanzata questa possa essere. Ad esempio, l'impatto di un asteroide gigante o di un pianeta canaglia, un lampo di raggi gamma nelle vicinanze o una supernova intrusiva potrebbero potenzialmente annientare tutta la vita sulla Terra o su qualsiasi altro pianeta. Nessuna tecnologia nel nostro arsenale oggi potrebbe impedire che si verifichino questi eventi, anche se avessimo avuto un preavviso.

L'umanità ha superato il Grande Filtro?

Se il Grande Filtro è alle nostre spalle, però, fa ben sperare per l'umanità come specie; l'universo può essere nostro per la conquista. Se, tuttavia, il Grande Filtro è ancora davanti a noi, potremmo essere condannati.

Il lato positivo è che alcuni hanno interpretato la nostra apparente solitudine nell'universo come un buon segno - persino una benedizione - poiché indica che siamo riusciti a superare il collo di bottiglia dell'ostaolo senza problemi. Per quanto strano possa sembrare, potremmo essere la prima specie ad essere passata attraverso il Grande Filtro (dopotutto, qualcuno deve essere il primo).

D'altra parte, se dovessimo rilevare un segnale da una specie tecnologica super avanzata che ci fa sembrare primitivi, potrebbe significare che il Grande Filtro è ancora avanti. L'umanità potrebbe essere destinata a fare un test cosmico a sorpresa, uno per il quale siamo impreparati circa cosa studiare.

Il Grande Filtro è solo una teoria, sì. Ma, da una prospettiva logica, è un'idea accattivante a molti livelli, che offre una spiegazione plausibile al paradosso di Fermi. Quindi, anche se la domanda "Dove sono?" rimane ancora senza risposta, la teoria del Grande Filtro offre alcune delle migliori ipotesi che possiamo immaginare. Sfortunatamente, come scritto prima, non sappiamo se il Grande Filtro sia già nel nostro specchietto retrovisore.

Superintelligenze aliene: un rischio per l'umanità

Secondo la NASA è molto probabile che viviamo in un mondo simulato da superintelligenze aliene. e ciò rappresenta un forte rischio per l'umanità.

Sì, non è un racconto di fantascienza: da anni, abbastanza zitti zitti, alcuni scienziati stanno valutando il fatto che sia molto verosimile che il mondo in cui viviamo non sia reale, ma virtuale; cioè che il nostro universo non sia altro che una simulazione. Le evidenze di questo fatto scioccante sono parecchie, e sono state in realtà presentate già anni fa in alcuni consessi scientifici; considerate allora ipotesi interessanti, ma remote. A mio parere fatte sottacere anche per la paura del ridicolo di cui potessero ammantarsi gli scienziati coinvolti.

Oggi, considerando come meglio stiamo padroneggiando l'universo digitale, l'ipotesi è considerata non solo realistica, ma anche preoccupante. Al punto da aver interessato ultimamente la NASA, in quanto l'idea ultima fa ritenere che delle superintelligenze aliene abbiano creato questo nostro mondo virtuale. Per degli scopi da capire, ma probabilmente mettendo a rischio la sopravvivenza umana.

E andiamo indietro al 2003, quando Nick Bostrom, filosofo di Oxford, espose una interessante ipotesi che chiamò **"the simulation argument"**, nella pubblicazione "Philosophical Quarterly"; la conclusione era che siamo sicuramente in un mondo "simulato" e non reale. La sua era una semplice teoria filosofica; in grado, magari, di essere smantellata facilmente mediante una rigorosa osservazione scientifica. Ma non è stato così.

A fargli da spalla in questa teoria, di recente, è intervenuto anche Elon Musk (il conosciuto CEO di Tesla, co-fondatore di Paypal e di tante altre cose, compresi i viaggi su Marte...), che, avendo analizzato il problema a fondo, soprattutto dal punto di vista statistico, ha letteralmente dichiarato: "c'è una probabilità su un miliardo che l'essere umano non stia vivendo in un mondo simulato". Ossia, che è estremamente probabile che viviamo in un mondo simulato.

Addentriamoci nel tema, e affrontiamo la teoria della possibile creazione di una "superintelligenza" costruita utilizzando supercomputer.

Cosa ha fatto infatti pensare che questa teoria del nostro mondo "simulato" sia vera ? Semplice: perché cominciamo a renderci conto di come le tecniche digitali possano trasformare profondamente, in futuro, la vita degli umani; dando loro la possibilità di creare esseri "superintelligenti".

Il punto di partenza è la rapidità dell'avanzamento delle conquiste informatiche: così veloce e massiccia che in un futuro prossimo le menti artificiali potranno divenire indistinguibili da quelle reali e umane. Con computer quantistici la potenza di elaborazione è quasi infinita, e con le reti neurali artificiali possiamo già oggi avvicinarci all'architettura del cervello umano. Se si fa un semplice calcolo utilizzando la Legge di Moore [che sostiene che i computer raddoppiano il potere di calcolo ogni due anni], ci accorgiamo che questi supercomputer, entro un decennio, avranno la possibilità di simulare nel giro di un mese una vita intera di un uomo di 80 anni; tra cui ogni pensiero da lui concepito durante quella vita. Odyssey, il supercomputer di Harward, è in grado, oggi, di simulare 14 miliardi di anni in pochi mesi. Quindi, dal punto di vista tecnologico, è estremamente plausibile che ciò che oggi già realizziamo come videogames e simulatori di volo, fra dieci anni possano "simulare la vita, interamente".

Proprio per questo, non c'è dunque alcuna ragione per non pensare che un quadro simile non sia già avvenuto in passato e che, come nella neurosimulazione interattiva di film come Matrix, ci stiamo già dentro fino al collo.

Uno potrebbe dire: "vabbè, ma possibile che non ci accorgiamo di vivere in qualcosa di non reale ?" E la risposta è: "possibilissimo:; lo facciamo sempre". Il nostro cervello, infatti è la cosa più facile da imbrogliare; avviene quotidianamente, e neanche a nostra insaputa. Gli esempi sono tantissimi, ma il più significativo è quando guardiamo un film: sappiamo benissimo che è una storia finta, proiettata su un telo bianco (oppure su uno schermo elettronico); eppure, dopo pochi attimi dall'inizio, "entriamo nella storia", e, se la protagonista muore, ci mettiamo a piangere. Idem quando leggiamo un libro: la storia è finta, stampata su fogli bianchi; eppure idealizziamo e visualizziamo gli scenari proposti; "vediamo" i protagonisti (spesso finti, e lo sappiamo) e magari ci scappa pure qui la lacrimuccia. Dal punto di vista più rigorosamente neuro-psicologico (teoria della percezione) "poiché non c'è modo infallibile di distinguere tra ciò che è reale e ciò che non lo è, possiamo estrapolare il concetto che non ci sia modo di essere sicuri che ciò che percepiamo non sia sempre una illusione" (fonte: Stanford Encyclopedia of Philosophy).

La popolarità di questa ipotesi della simulazione; suggestiva e raggelante, è molto elevata. Secondo un servizio pubblicato sul "New Yorker" da Tad Friend, la tesi della simulazione sta ossessionando molti scienziati, tanto che due miliardari attivi proprio nel mondo della tecnologia, di cui non vengono tuttavia fatti i nomi, avrebbero già segretamente finanziato gruppi di scienziati in grado di cercare di condurci al di fuori di questa realtà artificiale. Cosa poi ci aspetti nella "realtà reale", ovviamente, non è dato sapere.

Non solo, anche la Bank of America, in un rapporto del settembre 2016, ha sposato la tesi sostenendo che le possibilità che ci ritroviamo in una clamorosa messinscena frutto di un futuro già avvenuto è elevatissima. E questa, oggi, è la convinzione di molti esperti, filosofi e futurologi: " Secondo loro, ogni rapporto umano, ogni sentimento, ogni ricordo di noi esseri umani è molto probabile che sia stato generato da parte di banchi di supercomputer". Facilissimo, quindi, farci vivere in un mondo irreale senza che ce ne accorgiamo; ma progettato da chi ? Chi sta facendo ciò ?; quale "superintelligenza" ha creato questo mondo virtuale? Infatti per la prima volta, questo rapporto, espone la possibilità di intervento alieno: " è possibile che grazie agli avanzamenti dell'intelligenza artificiale, della realtà virtuale e della potenza di calcolo i membri di future civiltà abbiamo deciso di avviare una simulazione dei loro antenati", si legge nel rapporto di Bank of America.

A questo punto entra in ballo la NASA, con Rich Terrile, (director of the Centre for Evolutionary Computation and Automated Design at NASA's Jet Propulsion Laboratory) , che suggerisce che una razza di esseri estremamente evoluti potrebbe essere dietro una nostra prigionia digitale. In altre parole Rich Terrile, afferma la possibilità che degli esseri alieni potrebbero essere a capo di un progetto che utilizza la realtà virtuale per simulare momenti di vita reale. E ci sarebbero alcune evidenze fisiche a comprovare ciò.

Le evidenze fisiche, in realtà, sono aspetti del mondo bio-fisico che ci appaiono sbagliati, incomprensibili, o addirittura paradossali. L'idea che il nostro universo sia una finzione generata da un codice di programmazione risolve un gran numero di contraddizioni e misteri legati alla natura del cosmo. Vediamoli:

1. Visto che abbiamo accennato a paradossi, parliamo prima del "paradosso di Fermi". Ricapitolando quello che abbiamo visto nel paragrafo precedente: nell'Universo conosciuto esistono almeno 100 miliardi di galassie, contenenti ciascuna 100-1000 miliardi di stelle. In base a quanto sappiamo degli esopianeti, ne esistono trilioni e trilioni di potenzialmente abitabili: grandi numeri che

fanno pensare che non siamo soli, nel cosmo. "Ma allora, dove sono tutti?", disse Fermi, evidenziando la chiara contraddizione tra l'alta probabilità che la nostra non sia la sola civiltà evoluta nell'Universo e la mancanza di contatti stabiliti con eventuali altre forme di vita. Infatti, se anche solo lo 0,1% di pianeti della Via Lattea ospitasse la vita, ci sarebbero 1 milione di pianeti abitati solo nella nostra galassia. Gli esseri umani si sono cimentati con viaggi nello spazio, perché non pensare allora che anche altre civiltà aliene, se fossero esistite, abbiano provato e fare viaggi nello spazio ? Come interpretare allora il fatto che non abbiamo mai incontrato degli alieni e non abbiamo trovato alcuna traccia di qualsiasi altra forma di vita intelligente nell'universo? Esistono "filtri" che ci precludono la conoscenza di altre forme di vita? E se esistono, chi li ha messi?

2. Il principio antropico. E' sorprendente (e altamente improbabile) che si siano sviluppati gli esseri umani. Perchè la vita possa iniziare sulla Terra abbiamo bisogno che un numero enorme di coincidenze si siano avverate e che tutto funzioni correttamente. Le coincidenze biologiche sono innumerevoli; quelle fisiche tante: siamo a una distanza perfetta dal Sole, l'atmosfera ha una composizione corretta, e la gravità è solo potente abbastanza; e anche se ci possono essere molti altri pianeti con queste condizioni, il nascere della vita,

deve soddisfare a condizioni talmente strette da renderla statisticamente impossibile. Se qualche fattore cosmico come l'energia oscura, ad esempio, fosse stato solo un pochino più forte, la vita non esisterebbe, nè qui, nè altrove nell'universo. Il principio antropico ci domanda: **"Perché queste condizioni si sono verificate così perfettamente per noi?"**. Una spiegazione è che le condizioni siano state deliberatamente impostate con l'intenzione di dare a noi una vita non reale, difficile da creare, ma simulata. Ciascun fattore rappresenta, quindi, una condizione di stato fisso; programmato da qualche vasto esperimento di laboratorio. I fattori sono stati solo collegati all'universo e poi la simulazione è stata avviata.

3. Le teorie evoluzionistiche. Come quelle di Darwin, delle mutazioni, ed altre; ci fanno apparire l'Uomo come proveniente dall'evoluzione di altri esseri viventi. Il problema è che non abbiamo traccia degli esseri della transizione, che dovrebbero essere numerosi. Si passa bellamente da esseri quadrumani (ammesso che siano quelli cui riferirci), all'Uomo. Improvvisamente.

4. Universi paralleli. La teoria degli universi paralleli, o multiverso, abbastanza accreditata dai fisici, postula un numero infinito di realtà con un numero infinito di possibilità al loro interno.

Immaginate i piani di un edificio con appartamenti. Se ci sono in realtà molteplici universi , potrebbero essere in realtà più simulazioni in esecuzione contemporaneamente? Ogni simulazione ha una propria serie di variabili, e non è casuale. Il creatore della simulazione può impostare diverse variabili, può testare diversi scenari e osservare risultati diversi.

5. Un altro mistero spiegabile con la teoria della simulazione è il ruolo della Materia Oscura. Il cosmologo americano Michael Turner l'ha definita "il più profondo mistero di tutta la scienza". La Materia Oscura è una delle molte componenti ipotetiche usate per spiegare un gran numero di anomalie che non capiamo del Modello Standard, la teoria che la scienza usa da anni per lo studio delle particelle e delle forze della natura. La Materia Oscura è un assurdo in se stesso: per spiegare fatti incomprensibili ci avvaliamo infatti di una materia che non siamo in grado di verificare e che rappresenta la maggior parte dell'universo. E comunque il Modello Standard non è in grado di spiegare la forza di gravità e l'espansione dell'Universo.

6. Il principio di indeterminazione di Heisemberg. Senza addentrarci nel principio, credo serva questa citazione di Werner Karl Heisenberg :"Nell'ambito della realtà della teoria quantistica, le leggi naturali non conducono ad una completa determinazione di

ciò che accade nello spazio e nel tempo; l'accadere è piuttosto rimesso al gioco del caso".

La cosa inquietante di questa "teoria dell'universo simulato" è che è impossibile, oggi, dimostrarne o confutarne il contrario. Anzi, come visto, gli indizi che possa essere verità sono parecchi. E, rifacendomi ad Agata Christie: "Un indizio è un indizio, due indizi sono una coincidenza, tre indizi fanno una prova".

Altro fattore inquietante, sempre secondo la NASA, è che queste superintelligenze, se esistono, potrebbero mettere a rischio la sopravvivenza dell'umanità (almeno come crediamo di conoscerla oggi).

l'esperimento di Filadelfia di viaggi nel tempo

Era l'estate del 1943 e gli Stati Uniti avevano completato due anni sanguinosi di seconda guerra mondiale; con i cacciatorpediniere americani che combattevano con le unghie e con i denti contro i sottomarini u-boat nazisti per ottenere la supremazia sui mari.

Nel frattempo, gli scienziati americani stavano

conducendo alcuni esperimenti segreti nel cantiere navale di Filadelfia. Come parte di questi esperimenti, un cacciatorpediniere appena varato, chiamato "USS Eldridge" fu equipaggiato con diversi generatori ad alta potenza e con molti altri aggeggi elettromagnetici per condurre un esperimento top-secret, che serviva per vincere le battaglie nell'Atlantico e in altri mari.

L'obiettivo dell'esperimento era quello di creare una tecnologia che rendesse le navi invisibili ai radar nemici. Secondo quanto era stato riferito, l'esperimento aveva avuto già dei gradi di successo, con la nave vuota; ma era venuto il momento di provare il sistema con l'equipaggio a bordo e in pieno giorno.

Gli interruttori che davano il via all'esperimento vennero accesi il 28 ottobre 1943.

Quello che successe dopo, come vedremo, non è mai stato chiaro: ha, di sicuro, sconcertato gli scienziati e alimentato speculazioni selvagge e cospirazioni per 75 anni. La letteratura denomina oggi questi fatti come "L'esperimento di Filadelfia sui viaggi nel tempo".

Viene infatti riferito che, una volta attivati gli interruttori degli apparati, i testimoni elaborarono diverse osservazioni che vennero poi, si dice, ulteriormente distorte e ingrandite nel corso dei decenni. Tuttavia, il consenso generale sulle osservazioni è che, ad un certo punto, un inquietante bagliore verde-blu aveva cominciato a circondare lo scafo della nave. Dopodiché, improvvisamente e inspiegabilmente, la nave era scomparsa. In realtà il fatto che fosse "scomparsa" poteva fare pensare che l'esperimento avesse avuto successo, e la nave fosse diventata invisibile ai radar.

In realtà il cacciatorpediniere non solo era scomparso dai radar ma anche, letteralmente, nel nulla, insieme all'equipaggio!

Poi, ore dopo, riemerse; ma nel cantiere navale di Norfolk in Virginia, e, nel giro di poco tempo, riemerse di nuovo a Filadelfia. Più che della nave, erano scioccanti le immagini dell'equipaggio che appariva completamente disorientato e aveva terribili ustioni sul volto e sui corpi. La cosa più impressionante è che alcuni membri dell'equipaggio erano stati trovati parzialmente saldati nello scafo d'acciaio della nave, ancora vivi, ma con gambe o braccia sigillate sul ponte.

Alcuni erano impazziti. Alcuni svilupparono più tardi una misteriosa malattia da radiazioni; e la maggior parte di loro subì gravi traumi fisiologici per tutta la vita.

Così andò la storia del "fallito" esperimento di Filadelfia ampiamente citato come uno degli esperimenti governativi più segreti degli USA. Dopo il fallimento, tutte le registrazioni di bordo furono misteriosamente cancellate; la USS Eldridge fu trasferita in Grecia nel 1951 e successivamente venduta per essere demolita negli anni '90.

Fantascienza? Un esperimento che è andato terribilmente storto? Comunque sia il "Philadelphia Experiment" è sopravvissuto nella mente dei "paranormalisti" dilettanti e dei teorici del complotto per gli ultimi 75 anni; nonostante le diverse smentite e chiarimenti del governo nel corso degli anni.

Ma non è finita qui.

In realtà l'uomo che mantenne viva l'idea della cospirazione era un uomo a sua volta misterioso di nome Carl M. Allen, il quale aveva lo pseudonimo di Carlos Miguel Allende. Nel 1956, Allende inviò una serie di lettere a Morris K. Jessup, astronomo e autore del libro, "The Case for the UFO".

Morris Ketchum Jessup era un insegnante di matematica e astronomia all'Università del Michigan, era un esperto di elettromagnetismo e della teoria del campo unificato di Albert Einstein.

Nelle sue lettere a Jessup, Carlos Miguel Allende parlava del suo interesse nella teoria del campo unificato confermandone la validità; e affermava che la Marina Americana aveva sperimentato questa teoria nel 1943 per svolgere esperimenti su un cacciatorpediniere, che, a seguito dell'esperimento, era diventato invisibile insieme al suo equipaggio. Spiegava poi che la nave scomparve e che qualche minuto dopo fu vista e identificata a oltre 600 chilometri di distanza, dove era rimasta per qualche minuto prima di scomparire di nuovo per tornare a Philadelphia.

Jessup rimase scioccato da questa lettera, studiò e cercò informazioni a riguardo per fare chiarezza su questo misterioso esperimento. Morris K. Jessup aveva scritto tempo prima un libro sugli ufo e stava scrivendone un secondo. Nel capitolo dove parlava dell' elettromagnetismo, secondo lui utilizzato dalle tecnologie extraterrestri parlò dell'esperimento Philadelphia.

Poco tempo dopo venne chiamato dal Reparto di Ricerca della Marina Americana, per dare spiegazioni su ciò che aveva scritto. In particolare volevano sapere come era venuto a conoscenza di questo esperimento e cosa ne sapeva.

Il 20 aprile del 1959, Morris Jessup venne trovato morto nella sua auto. Le indagini portarono all'ipotesi di suicidio ma la famiglia continuò a rifiutare questa tesi. Dopo l'accaduto, la Marina Americana improvvisamente mostrò interesse per chiunque chiedesse informazioni sulla nave USS Eldridge.

Apro una parentesi: la teoria unificata dei campi in fisica è il tentativo di legare assieme tutti i fenomeni noti, per spiegare la natura e il comportamento di tutta la materia e l'energia esistente. A metà del XIX secolo, James Clerk Maxwell formulò la sua teoria dell'elettromagnetismo trovata universalmente valida per tutta la materia. Più tardi Albert Einstein sviluppò la relatività generale; una teoria della gravitazione che pure si applica a tutta la materia. In parole povere, la teoria unificata sosterrebbe che l'elettromagnetismo e la gravità non sono altro che diversi aspetti di un singola teoria di base relativa alla materia.

La teoria unificata, a parte dare soddisfazione ai fisici, che la inseguono da tempo, si dice che avrebbe anche molte fantastiche applicazioni pratiche come, ad esempio: energia pulita illimitata, armi potenti e, la più straordinaria, la capacità di viaggiare nel tempo o il teletrasporto di qualsiasi materia.

Tornando a Jessup; durante il suo interrogatorio al

Centro Ricerche della Marina, si dice che fosse emerso il fatto che i ricercatori avevano ricevuto un pacchetto anonimo contenente il libro di Jessup con annotazioni che dettagliavano la teoria unificata dei campi, insieme a tutti gli intricati dettagli dell'esperimento segreto, "fallito", di Filadelfia.

Chi scrisse quelle annotazioni dettagliate sul libro di Jessup e chi le inviò alla Marina USA? Non si sa. Allende non fu contattato ulteriormente, e scomparve.

Jessup, come detto, in seguito fu trovato morto nel 1959, ma il libro commentato sopravvisse e divenne la fonte della verità per centinaia di teorici della cospirazione, che affermarono in seguito che il governo stava conducendo un'operazione clandestina sotto copertura durante la seconda guerra mondiale, con conseguenze spaventose, e mantenute sotto segreto.

Qualche spiegazione logica accettabile?

Ovviamente i canali ufficiali si sperticarono a dare spiegazioni logiche: nel 1994, l'astrofisico francese Jacques F. Vallee pubblicò un articolo sul Journal of Scientific Exploration intitolato "Anatomy of a Hoax: The Philadelphia Experiment Fifty Years Later". L'articolo parlava delle memorie di un certo

Edward Dudgeon che aveva servito come meccanico nella USS Eldridge ai tempi dell'esperimento.

Secondo Dudgeon, la spiegazione dei risultati dell'"esperimento" era molto banale. A Dudgeon era stato chiesto, infatti, di installare un dispositivo sulla nave che avrebbe alterato e disturbato la sua firma magnetica (l'immagine magnetica di un corpo) usando una tecnica chiamata "degaussing".

Una nave equipaggiata col degaussing non sarebbe stata invisibile ai radar; ma la cosa più importante era che non sarebbe stata individuabile dai siluri magnetici degli U-Boot. Il degaussing prevedeva l'avvolgimento della nave in grandi cavi, che faceva apparire lo scafo come una bobina ad alta tensione. Dudgeon aggiunse "Il degaussing era una pratica standard di difesa contro l'attacco u-boat". Infatti, come si sa, un cavo percorso da corrente elettrica genera un campo magnetico (v. esperimento di Oersted). Ci si potrebbe però chiedere perché, visto che il degaussing era una normale e conosciuta pratica di difesa, fosse poi mantenuto così segreto il risultato dell'esperimento.

Ci fu anche una spiegazione per quanto riguardava il "bagliore verde" che avvolgeva la nave: la spiegazione era data dalla possibilità che i cavi producessero una tempesta elettrica o il "fuoco di

Sant'Elmo". Spiegazione, anche questa, considerata molto debole.

In un altro articolo, il Philadelphia Inquirer nel 1999 riferisce delle interviste con marinai che erano nella USS Eldridge al momento dell'esperimento. Secondo i marinai sopravvissuti, la nave non era stata mai attraccata a Filadelfia: era a Brooklyn nella sua presunta "data di scomparsa". E anche il diario della nave lo avrebbe confermato (peccato che fosse andato perso e che l'esperimento fosse stato dichiarato fatto a Filadelfia da molte fonti). Inoltre, il capitano della nave affermò che non furono mai condotti esperimenti sulla nave (affermazione non sorprendente, visto che l'esperimento era top-secret).

C'è però un'altra serie di testimonianza; quelle di **Alfred Bielek.**

Alfred Bielek è stato testimone dell'esperimento Philadelphia e, a suo dire, sta cercando di non lasciare insabbiare tutto dal Governo Americano. Racconta le sue testimonianze nel suo sito web e in molti convegni sul tema.

Bielek dichiara di aver fatto parte dell'esperimento, ma a quell'epoca questo non era il suo nome. in realtà allora si chiamava Edward Cameron, e faceva parte insieme ai suoi fratelli: Duncan (scienziato) e

Jim (marinaio), dell'equipaggio della USS Eldridge. Racconta che quando salì a bordo gli dissero che lo scopo dell'esperimento era di ottenere l'invisibilità ai radar. L'obbiettivo fu raggiunto in poco più di un minuto dall'accensione degli apparati; ma Bielek, che si trovava con il fratello in sala di controllo, non sapeva che la nave era scomparsa.

Dalle apparecchiature che servivano per l'esperimento cominciarono ad uscire delle scariche elettriche, e, impauriti, controllarono le strumentazioni di bordo, che, però, risultavano bloccate. Allora nel panico decisero di uscire. Sul ponte c'era una nebbiolina verde, alcuni marinai stavano correndo all'impazzata completamente disorientati. Si domandarono cosa stesse succedendo all'equipaggio o come contattare terra; provarono a disattivare il dispositivo per la sperimentazione, ma ogni tentativo era vano.

Terrorizzati, Ed e Duncan Cameron si gettarono dalla nave; ma, racconta Bielek, non arrivarono mai a toccare l'acqua. Provarono invece la sensazione di cadere in un tunnel senza fine, senza capire dove si trovavano o cosa stesse succedendo. Si svegliarono in un letto di ospedale e trascorsero sei settimane prima di potersi riprendere a causa delle radiazioni che li avevano colpiti durante l'esperimento. Vennero curati utilizzando strani metodi, con vibrazioni e luci.

Capirono di trovarsi nel 2137 (sic!). Una volta guariti furono rispediti indietro nel tempo e si ritrovarono in una base militare, di notte; e vennero scortati all'interno delle guardie, dove incontrarono uno scienziato anziano. Si trattava del Dott. Neumann (lo stesso scienziato che dirigeva l'esperimento Philadelphia). Era il 1983 e si trovavano a Montauk (Long Island) lo scienziato mostrò loro, increduli, alcune tecnologie per viaggiare nello spazio e nel tempo spiegando che si trovavano nel laboratorio del Progetto Phoenix. John von Neumann disse che li avrebbe rispediti indietro nel tempo, con il compito di distruggere le apparecchiature della USS Eldridge.

Neumann rispedì Edward e Duncan di nuovo sul ponte dell'Eldridge; questi, con delle asce distrussero l'apparecchiatura incriminata. Improvvisamente le cose andarono a ritroso e si ritrovarono di nuovo nel porto di Philadelphia, da dove erano spariti. A quel punto, i due, si resero conto di quello che era successo al resto dell'equipaggio: alcuni marinai erano morti di attacco cardiaco, altri erano disorientati senza sapere dove fossero stati o dove fossero in quel momento. Ma la cosa più spaventosa fu che alcuni, tra cui il fratello Jim, erano rimasti "inglobati" nelle pareti della nave.

Biekek sostiene che, quando il campo elettromagnetico era collassato, le strutture molecolari dei marinai si erano scomposte e, chi si trovava vicino a qualcosa, veniva inglobato in quella materia, come era successo a suo fratello. Edward rimase con Jim ma Duncan non resistette alla visione sconcertante e si buttò di nuovo in mare e scomparve.

Alcuni scienziati dell'esperimento Philadelphia vennero in seguito riuniti per creare il cosiddetto Montauk Project; si dice al fine di continuare le ricerche sul campo elettromagnetico e le possibili implementazioni nel viaggio nel tempo. A questo punto Edward Cameron afferma di essere stato sottoposto a lavaggi del cervello; dopodichè, col cervello lavato, gli venne assegnato un nuovo nome e gli imposero una nuova vita. Visse quindi come Alfred Bielek: si fece una famiglia, si laureò nuovamente e fece parte del progetto Montauk fino al 1988. In quell'anno, però, cominciò a riacquistare i ricordi perduti e capì che era stato strumentalizzato per continuare questi esperimenti; abbandonò quindi le sperimentazioni.

Quello che racconta Alfred Bielek è ovviamente poco credibile; ma lui sostiene di avere documenti e foto che provano tutto ciò che racconta. E, come ho detto, le racconta in convegni e sul suo rito web. Sono quindi d'accordo con gli scettici; ma mi pongo una domanda: "se nell'esperimento non c'è stato viaggio nel tempo, cosa c'è stato? Nessuna spiegazione è stata data".

Il mistero pertanto rimane e continua ad essere discusso tutt'oggi, con convegni, interviste, libri, e persino un film.

Questa storia che ho descritto, ripeto: è ovviamente poco credibile. Ma è solo la punta dell'iceberg del mistero sul tema. Infatti esso coinvolge un certo numero di esperimenti, oltre al "Philadelphia", denominati Montaux Project, Phoenix Project, ed altri. Ha coinvolto e coinvolge anche molti scienziati di grande fama; non solo Einstein, ma anche, ad esempio, il famoso e discusso Nikola Tesla. Tesla, molto prolifico e di successo, era talvolta tacciato alternativamente, di essere un chiaroveggente, o un visionario. Lui, semplicemente, diceva di essere in contatto con una razza aliena; ma non pare lo dicesse per scherzo, perché su questa sua affermazione si era scontrato aspramente con alcuni stimati colleghi. Per altro, le bobine elettromagnetiche di cui era stata dotata la USS Eldridge, pare fossero state costruite da Tesla stesso.

"OUMUAMUA

Il nostro primo visitatore interstellare ci ha lasciato con più domande che risposte

È stato nell'ottobre 2017 che gli astronomi, utilizzando il telescopio Pan-STARRS delle Hawaii, hanno scoperto nei cieli un oggetto a forma di sigaro, con caratteristiche senza precedenti, che sfrecciava attraverso il nostro sistema solare.

Sorprendentemente, quello che sarebbe stato definito il nostro primo visitatore interstellare è apparso strano, e diverso da tutto ciò che avevamo visto prima. Quando ce ne siamo accorti, però, l'ospite era già fuori dalla portata; con la sua immagine che svaniva senza che potessimo fotografarlo. Quindi non abbiamo avuto la possibilità di dare una seconda occhiata alle sue caratteristiche misteriose.

L'oggetto ha un nome hawaiano, per ricordare i suoi scopritori con sede a Maui; è stato chiamato

"'OUMUAMUA'', che significa "esploratore"o"messaggero inviato dal lontano passato".

Trovare il primo oggetto in assoluto ad arrivare dalle stelle sarebbe già un motivo sufficiente per emozionarsi. Ma, si è scoperto, che il divertimento era solo all'inizio.

Innanzitutto, la velocità dell'asteroide indicava che non sarebbe stato catturato dal Sole, ma proiettato di nuovo nello spazio interstellare su una nuova direzione. La sua traiettoria in uscita era inclinata di 66° rispetto alla sua direzione iniziale in entrata, che era in prossimità della stella Vega.

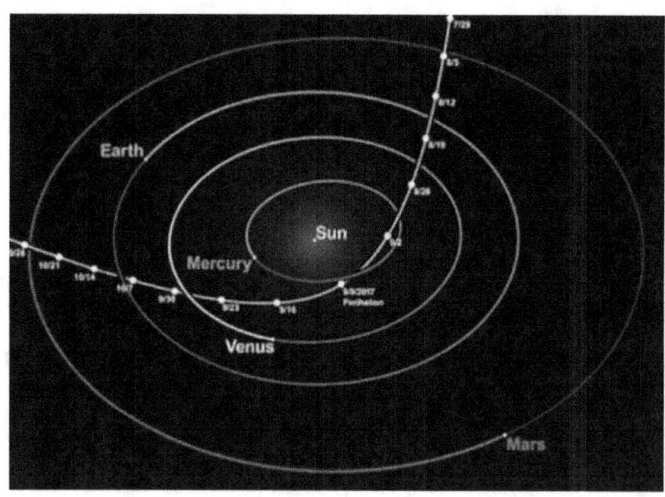

Ad ogni modo, se questo oggetto dalla forma strana, lungo dai 100 ai 1000 metri (l'imprecisione ci fa capire quanto poco ne conosciamo), è di origine naturale, allora può avere un certo senso che provenga dalla direzione di Vega. Infatti questa stella è solo pochi gradi dall'apice solare, (la direzione verso la quale si sta muovendo il nostro sistema solare) e da questa direzione proviene quindi la maggior parte delle cose che si schiantano addosso al nostro sistema; un po' come quando si guida sotto la neve.

Il problema è che Vega non si trovava lì 600.000 anni fa; e lo sappiamo usando i moderni sistemi di tracciamento a ritroso con cui possiamo definire la provenienza e il tempo di partenza di un oggetto spaziale. Probabilmente proveniva da una delle quattro stelle rosse nane, che sono lì attorno. Era forse nelle vicinanze di un gruppo di stelle più giovani di circa 45 milioni di anni fa del nostro sole. 'OUMUAMUA potrebbe essere stato espulso durante i primi anni di formazione del suo sistema solare, il che spiegherebbe la sua velocità relativamente bassa per un viaggiatore interstellare.

Perché, avevo dimenticato di scriverlo, la velocità di 'OUMUAMUA, quando si avvicinava a noi era "lenta", molto più lenta di quella di qualsiasi altro oggetto spaziale similare.

'OUMUAMUA è il primo nostro visitatore che venga da un altro sistema solare. Molto più lungo di quanto non sia largo, come raffigurato in questa immagine artistica.
Credito: ESO / M. Kornmesser

Ma la cosa più strana di 'OUMUAMUA è avvenuta dopo che ha girato "lentamente" intorno al Sole e si è allontanato. Quando il telescopio spaziale Hubble lo ha individuato all'inizio di gennaio 2018, era infatti circa 40.000 chilometri "dopo" la posizione prevista. Appariva quindi accelerato!

La "spiegazione UFO-alieni", di ciò, sarebbe la più semplice ed entusiasmante: "si tratta di un veicolo spaziale e, quando ha finito di osservarci, ha acceso i suoi razzi e se n'è andato". Ma ovviamente ci sono state spiegazioni naturali che hanno provato a smontare questa suggestiva ipotesi.

'OUMUAMUA potrebbe aver "degassato" come fanno le comete quando si avvicinano al Sole, e tale sfiato agisce come un razzo booster. Abbiamo visto accadere questo nelle comete del sistema solare. Oppure 'OUMUAMUA potrebbe aver catturato il vento solare come una vela, ottenendo così un aumento di velocità.

Ma il "degassamento" non regge: la forte spinta extra di 'OUMUAMUA potrebbe aver avuto origine, hanno calcolato, da un degassamento di tipo cometario se almeno un decimo della sua massa fosse evaporata. Ma un'evaporazione così massiccia avrebbe naturalmente portato alla comparsa di una "coda cometaria", che nessuno però ha rilevato.

Anche il discorso "vela solare" non funziona: il problema è che, perché l'idea della vela solare funzioni, l'oggetto deve essere molto leggero e non dovrebbe rotolare su se stesso completamente, come fa 'OUMUAMUA ogni otto ore.

Hanno pensato anche alla frantumazione (la perdita di un pezzo può far accelerare il pezzo principale), ma la spinta extra mostrata dall'orbita di 'OUMUAMUA non può essere il frutto di una frantumazione, perché un evento simile avrebbe fornito una spinta singola e impulsiva, differente dalla spinta continua osservata.

Alcuni astrofisici pensano che l'accelerazione di 'OUMUAMUA sia stata dovuta a un fenomeno naturale: che l'idrogeno solido stesse esplodendo in modo invisibile dalla superficie dell'oggetto interstellare; facendolo accelerare. Però, in seguito, con un nuovo articolo pubblicato su *The Astrophysical Journal Letters*, Thiem Hoang, astrofisico presso il Korea Astronomy and Space Science Institute, sostiene che l'ipotesi dell'idrogeno non funzioni.

'OUMUAMUA rimane singolare. Ha lo stesso colore rosso scuro di molti oggetti della fascia di Kuiper che ci visitano, eppure le osservazioni di un telescopio spaziale, quello di Spitzer, mostrano che è "almeno dieci volte più brillante dei tipici asteroidi del sistema solare".

E veniamo a noi: 'OUMUAMUA è quindi un oggetto inspiegabile. Così inspiegabile, che Loeb e il collega Bialy, entrambi scienziati spaziali di Harward, hanno detto che potrebbe essere un oggetto artificiale: *"l'oggetto è spinto da una macchina aliena che è in grado di accelerare usando le radiazioni solari"*

Nel frattempo, proprio come la prima cometa periodica conosciuta (Halley) denominata 1P,

'OUMUAMUA ha ricevuto la nuovissima designazione "I" per "oggetto interstellare" e la sua designazione è quindi stata "1I". Il primo oggetto interstellare che ci visita.

Riassumendo: Oumuaua non è una vela solare, non ha degassato, non si è frantumato, non usa idrogeno come propellente e non è luminoso come i suoi analoghi. Aggiungo: per accontentare gli UFO-maniaci dirò che si è cercato persino di dare risposta alla domanda: *"'OUMUAMUA stava trasmettendo al suo pianeta informazioni radio su di noi?"*. Ebbene, il radiotelescopio della Green Bank ha monitorato "OUMUAMUA il 13 dicembre 2017, su quattro ampie frequenze radio. Circa due settimane prima, anche *l'Allen Telescope Array del SETI Institute* aveva iniziato a monitorarlo, per un totale di almeno 60 ore. Il risultato: silenzio. Ma il mio commento in questo caso è che un qualsiasi buon lettore di fantascienza sa che gli alieni non trasmettono via onde radio hertziane. Tutti sanno che usano trasmissioni quantistiche a positroni, che i terrestri non posseggono ancora.

Nel frattempo gli scienziati veri stanno pensando di inviare una sonda per incontrare, tra qualche anno, l'oggetto misterioso nei pressi di Giove, e cercare di svelarne i segreti.

Comunque sia, nel contemplare la possibilità di un'origine artificiale, dovremmo tenere a mente ciò che diceva Sherlock Holmes:

"Quando hai escluso l'impossibile, qualsiasi cosa rimanga, per quanto improbabile, dev'essere la verità".

Ultimi aggiornamenti sugli alieni

Ecco cosa abbiamo imparato sugli alieni nel 2020

In un anno in cui misteriosi monoliti apparvero letteralmente dal nulla, penseresti che la prima vera scoperta di vita aliena sarebbe stata a un tiro di schioppo. Bene, il 2020 non ha portato nessun piccolo uomo verde, ma ha avvicinato gli astronomi alla scoperta della vita extraterrestre come mai prima d'ora.

Dalle molecole organiche che spuntano intorno al sistema solare, ai misteriosi segnali radio che vengono finalmente ricondotti alla loro fonte, ecco alcune delle più grandi scoperte dell'anno su "dove gli alieni potrebbero essere" (e quasi sicuramente non sono) nascosti nell'universo.

Potrebbe esserci vita aliena tra le nuvole di Venere

A settembre, Venere è diventata il pianeta più popolare sulla Terra, quando gli scienziati hanno scoperto possibili tracce della molecola fosfina nell'atmosfera del pianeta . Sulla Terra, la fosfina (composta da un atomo di fosforo e tre atomi di idrogeno) è per lo più associata a batteri che non respirano ossigeno , così come ad alcune attività umane. La molecola è prodotta naturalmente dai giganti gassosi, ma non c'è una buona ragione per cui dovrebbe trovarsi sul mondo caldo e infernale di Venere, hanno concluso i ricercatori - a meno che, forse, non ci sia una sorta di vita che la respira nelle misteriose nuvole del pianeta.

... Ma non è probabile

Per quanto emozionante, la scoperta della fosfina è stata però accolta con un forte scetticismo dalla comunità scientifica. Per cominciare, non è nemmeno chiaro che i ricercatori abbiano rilevato la fosfina; le loro osservazioni contenevano così tanto rumore che qualcosa che imitava la firma chimica della fosfina sarebbe potuta apparire anche per caso.

E anche se la lettura della molecola fosse stata accurata, la fosfina potrebbe essere stata creata molto facilmente in modo totalmente casuale attraverso una serie di processi geologici che non coinvolgono affatto la vita, ha sottolineato Lee Cronin, un chimico dell'Università di Glasgow nel Regno Unito. I processi che modellano la superficie rovente e il cielo di Venere sono in gran parte un mistero, e una traccia di una molecola inspiegabile non è, purtroppo, abbastanza per confermare che la vita aliena esista in quel posto. Per risolvere questo enigma chimico sarà necessario uno studio più significativo del pianeta.

Potrebbero esserci 36 civiltà aliene che condividono la nostra galassia

Quante civiltà aliene intelligenti sono in agguato tra le centinaia di miliardi di stelle nella Via Lattea? Secondo uno studio pubblicato il 15 giugno su The Astrophysical Journal , la risposta è precisa: 36.

Vi chiedete come siano arrivati i ricercatori a quel numero ? Ci sono arrivati dando una nuova pugnalata a un enigma di caccia agli alieni vecchio di decenni, noto come **"equazione di Drake"**.

Essa prende il nome dall'astronomo Frank Drake, che ha emesso l'equazione nel 1961: il puzzle da lui creato tenta di indovinare il probabile numero di civiltà aliene nella nostra galassia in base a variabili come il tasso medio di formazione stellare, la percentuale di stelle che formano pianeti e la molto più piccola percentuale di pianeti che hanno le cose giuste per la vita. La maggior parte di queste variabili sono ancora sconosciute, ma gli autori del nuovo studio hanno cercato di risolverle con le informazioni più aggiornate disponibili sulla formazione stellare e sugli esopianeti.

Il loro risultato? Ci sono precisamente 36 pianeti nella Via Lattea che potrebbero ospitare una vita di intelligenza simile a quella sulla Terra. Purtroppo, anche se i ricercatori individuassero tutte quelle variabili sconosciute, ci vorrà ancora un po' prima di incontrare uno dei nostri vicini dell'intelligenti. Ipotizzando una distribuzione uniforme delle civiltà in tutta la galassia, la più vicina è a 17.000 anni luce dalla Terra.

E più di 1.000 stelle aliene potrebbero osservarci

Ci troveranno loro prima che noi li troviamo?

Potremmo scoprirlo in questa vita. Due stelle, nell'elenco delle probabili alla vita, ospitano esopianeti noti, uno dei quali avrà una "linea di vista diretta" verso la Terra nel 2044.

Ma, mentre andiamo a caccia di mondi alieni, anche gli alieni stanno cercando noi? Questa è la domanda che ha motivato uno studio del 20 ottobre 2020 sulla rivista Monthly Notices della Royal Astronomical Society, in cui gli astronomi hanno calcolato il numero di sistemi stellari alieni che hanno una linea di vista diretta sulla Terra e quindi potrebbero osservarci proprio ora.

Il team ha calcolato che circa 1.000 sistemi stellari entro circa 300 anni luce dalla Terra potrebbero vedere in modo fattibile il nostro pianeta mentre passa tra la loro posizione e il sole terrestre. Quegli alieni che osservano il cielo vedrebbero il nostro sole attenuarsi al passaggio della Terra, proprio come gli umani hanno rilevato migliaia di esopianeti osservando le stelle che si oscurano improvvisamente nel cielo notturno. Inoltre, se quegli astronomi alieni avessero una tecnologia simile alla nostra, potrebbero persino rilevare tracce di metano e ossigeno nell'atmosfera terrestre, che sarebbero potenziali segni di vita, hanno osservato i ricercatori.

Gli alieni non sono responsabili degli FRB

I lampi radio veloci (FRB) sono impulsi di luce radio lunghi millisecondi, che attraversano lo spazio migliaia di volte al giorno.

Fino a poco tempo nessuno aveva idea di cosa fossero. Potrebbero essere gli alieni a far pulsare i getti-radio dalla loro astronave iperveloce?

L'idea ha sicuramente attraversato la mente di qualche astronomo . Ma, nel bene o nel male, quell'idea potrebbe essere morta dopo che gli astronomi hanno rintracciato un FRB da una fonte nota nella Via Lattea, per la prima volta in assoluto.

La fonte, si scopre, era una "magnetar": il cadavere altamente magnetizzato e in rapida rotazione di una stella morta da tempo. Per migliaia di anni dopo la loro formazione, questi oggetti dal forte temperamento, attraversano periodi di attività violenta, irradiando potenti impulsi di raggi X e radiazioni gamma nell'universo che li circonda, a intervalli apparentemente casuali.

Mentre gli astronomi stavano guardando uno di questi scoppi, hanno però anche catturato un FRB che irradiava da una stella morta; il che è risultato incomprensibile.

Forse non tutti gli FRB nell'universo provengono da magnetar, ma questa scoperta fa molto pensare.

Le nane bianche possono essere roccaforti aliene

Tra circa 4 miliardi di anni, il sole della Terra si gonfierà in una stella gigante rossa, quindi collasserà in una piccola nana bianca fumante.

Questo destino è inevitabile e le probabilità che l'umanità fugga verso un altro sistema stellare sono quasi impossibili. Forse, se saremo ancora in giro in quel momento, potremmo trovare un modo per sfruttare la luce fioca della nostra stella morta e continuare a viaggiare come civiltà. E forse, suggerisce un documento pubblicato all'inizio di quest'anno nel **database di prestampa arXiv**, altre civiltà aliene stanno già facendo lo stesso .

Le nane bianche sono state in gran parte ignorate nella ricerca di intelligenza extraterrestre (SETI), affermano gli autori dell'articolo, poiché è improbabile che una stella morta possa ospitare una fiorente civiltà. Ma le nane bianche a volte hanno pianeti nella loro orbita e una civiltà altamente avanzata potrebbe essere in grado di far funzionare bene, per migliaia/milioni di anni, il loro piccolo sole anche in vicinanza della sua morte. Gli astronomi quindi non dovrebbero tagliare via le nane bianche dalle loro equazioni SETI, scrivono gli autori; anzi, forse dovrebbero prima guardare a loro.

Gli alieni potrebbero non respirare ossigeno

Un altro obiettivo sottovalutato nella ricerca della vita aliena: i pianeti privi di ossigeno. Sebbene sia stato a lungo ritenuto che la vita aliena abbia bisogno di aria per respirare, uno studio pubblicato il 4 maggio sulla rivista **Nature Astronomy** sostiene che forse "aria" e "ossigeno" non sono sempre sinonimi. L'idrogeno e l'elio sono elementi molto più comuni dell'ossigeno, nel nostro universo (l'atmosfera di Giove è composta per il 90% da idrogeno, per esempio), quindi cosa succederebbe se una specie aliena si evolvesse invece non respirando ossigeno?

Si scopre che potrebbe essere possibile . Gli autori dello studio hanno esposto un tipo di batterio che non respira ossigeno chiamato "**E.coli**" a due diverse "atmosfere" fabbricate all'interno di alcune provette. Una serie di boccette era idrogeno puro, l'altra elio puro. Hanno scoperto che i batteri erano in grado di sopravvivere in entrambe le condizioni, sebbene la loro crescita fosse stentata. Questo esperimento "apre la possibilità per uno spettro molto più ampio di habitat per la vita su diversi mondi abitabili", ha scritto nell'articolo l'autore dello studio Sara Seager, scienziata planetaria del MIT.

Quattro mondi offrono le migliori promesse

Nel nostro sistema solare, quattro mondi sembrano avere le cose giuste per la possibilità di vita. Il primo è Marte , uno dei mondi più simili alla Terra nel nostro sistema solare. All'inizio di quest'anno, un grande lago è stato rilevato sotto la calotta polare meridionale, dando nuova speranza che piccoli microbi potessero essere lì presenti (supponendo che abbiano qualcosa da mangiare).

Gli altri tre candidati sono tutte lune: la luna di Giove, Europa e le lune di Saturno, Encelado e Titano. Come Marte, Europa mantiene la promessa dell'acqua; la sua superficie è una vasta distesa di ghiaccio, che può nascondere un oceano globale gigantesco, profondo più di 100 chilometri. Anche Encelado è un mondo ghiacciato che potrebbe trattenere l'acqua liquida in profondità sotto la sua superficie. Recentemente, sono stati avvistati geyser giganteschi che spruzzavano acqua, granelli di particelle rocciose e alcune molecole organiche dalla Luna verso lo spazio. Titano, nel frattempo, è l'unica luna nel nostro sistema solare con un'atmosfera consistente, che è ricca di azoto; un importante elemento costitutivo delle proteine in tutte le forme di vita conosciute.

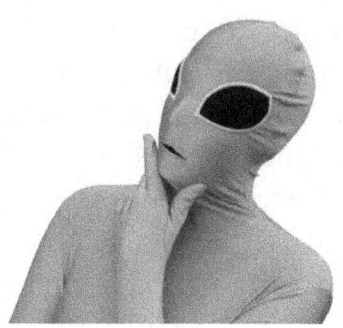

La caccia agli alieni è diventata oggi un po' più difficile

Martedì 1 dicembre l'iconico radiotelescopio dell'Osservatorio di Arecibo a Porto Rico è purtroppo stato spento, dopo essere rimasto "aggrappato a un filo", letteralmente; per quasi cinque mesi (due misteriosi incidenti di rottura dei cavi in agosto e novembre avevano lasciato il telescopio in condizioni terribili).

Il tragico crollo pone fine all'eredità di 57 anni di Arecibo, nel cercare nel cosmo segni di vita extraterrestre.

Nel 1974, il telescopio trasmise l'ormai famoso **"Messaggio di Arecibo"**, dichiarando l'abilità tecnologica dell'umanità a qualsiasi extraterrestre intelligente che potesse essere in ascolto. Finora non ci sono state risposte, ma quel messaggio alle stelle ha ispirato il film del 1997 "Contact", in cui il telescopio di Arecibo gioca un ruolo da protagonista. La perdita del telescopio lascia una lacuna nel SETI che non sarà colmata facilmente.

ULTIMO AGGIORNAMENTO

A fine 2020 la CIA ha annunciato di aver declassificato (decresecretato) molti documenti riguardanti gli UFO

Coloro che hanno cominciato a guardarli hanno però riferito che è molto difficile consultarli, in qualche caso impossibile. Ciò a causa di vecchi formati PDF e poca intelligibilità degli scritti e delle fotografie. Ma sono sicuro che gli ufologi non si lasceranno scoraggiare.

BIBLIOGRAFIA

Brack A. (2019), Chemical Biosignatures at the Origins. In: Cavalazzi B., Westall F. (eds) Biosignatures for Astrobiology. Advances in Astrobiology and Biogeophysics. Springer, Cham.

Wikipedia (Capo Profondo di Hubble)

Das A. (2019), The Origin of Life on Earth-Viruses and Microbes. Acta Scientific Microbiology 2.2 pp. 22-28.

Enciclopaedia Britannica – Shadow biosphere.

Rapf R. J. & Vaida V. (2016), Sunlight as an energetic driver in the synthesis of molecules necessary for life. Physical Chemistry Chemical Physics, 18(30), 20067–20084.

Treccani – Generazione.

Webb S. (2015), If the Universe Is Teeming with Aliens... where is everybody?: Seventy-Five

Solutions to the Fermi Paradox and the Problem of Extraterrestrial Life." 2nd edition. Springer Science & Business Media

"L'ordine del tempo" di Carlo Rovelli

Immagini : "Getty Images"